아이가 주인공인 책

아이는 스스로 생각하고 매일 성장합니다.
부모가 아이를 존중하고 그 가능성을 믿을 때
새로운 문제들을 스스로 해결해 나갈 수 있습니다.

<기적의 학습서>는 아이가 주인공인 책입니다.
탄탄한 실력을 만드는 체계적인 학습법으로
아이의 공부 자신감을 높여 줍니다.

아이의 가능성과 꿈을 응원해 주세요.
아이가 주인공인 분위기를 만들어 주고,
작은 노력과 땀방울에 큰 박수를 보내 주세요.
<기적의 학습서>가 자녀 교육에 힘이 되겠습니다.

기적의 계산법 응용 up

초등 3학년 **6**권

기적의 계산법 응용UP · 6권

초판 발행 2021년 1월 15일
초판 9쇄 발행 2024년 2월 14일

지은이 기적학습연구소
발행인 이종원
발행처 길벗스쿨
출판사 등록일 2006년 7월 1일
주소 서울시 마포구 월드컵로 10길 56(서교동)
대표 전화 02)332-0931 | **팩스** 02)333-5409
홈페이지 school.gilbut.co.kr | **이메일** gilbut@gilbut.co.kr

기획 김미숙(winnerms@gilbut.co.kr) | **책임편집** 홍현경
제작 이준호, 손일순, 이진혁, 김우식 | **영업마케팅** 문세연, 박선경, 박다슬 | **웹마케팅** 박달님, 이재윤
영업관리 김명자, 정경화 | **독자지원** 윤정아
디자인 정보라 | **표지 일러스트** 김다예 | **본문 일러스트** 류은형
전산편집 글사랑 | **CTP 출력·인쇄·제본** 벽호

▶ 본 도서는 '절취선 형성을 위한 제본용 접지 장치(Folding apparatus for bookbinding)' 기술 적용도서입니다.
  특허 제10-2301169호
▶ 잘못 만든 책은 구입한 서점에서 바꿔 드립니다.

ISBN 979-11-6406-300-0 64410
(길벗스쿨 도서번호 10727)

정가 9,000원

....

독자의 1초를 아껴주는 정성 **길벗출판사**

길벗스쿨 | 국어학습서, 수학학습서, 유아콘텐츠유닛, 주니어어학, 어린이교양, 교과서, 길벗스쿨콘텐츠유닛
길벗 | IT실용서, IT/일반 수험서, IT전문서, 경제실용서, 취미실용서, 건강실용서, 자녀교육서
더퀘스트 | 인문교양서, 비즈니스서

 # 기적학습연구소 **수학연구원 엄마**의 **고군분투서!**

저는 게임과 유튜브에 빠져 공부에는 무념무상인 아들을 둔 엄마입니다.

오늘도 아들이 조금 눈치를 보는가 싶더니 '잠깐만, 조금만'을 일삼으며 공부를 내일로 또 미루네요.

'그래, 공부보다는 건강이지.' 스스로 마음을 다잡다가도 고학년인데 여전히 공부에

관심이 없는 녀석의 모습을 보고 있자니 저도 모르게 한숨이…… .

5학년이 된 아들이 일주일에 한두 번씩 하교 시간이 많이 늦어져서 하루는 앉혀 놓고 물어봤습니다.

수업이 끝나고 몇몇 아이들은 남아서 틀린 수학 문제를 다 풀어야만 집에 갈 수 있다고 하더군요.

맙소사, 엄마가 회사에서 수학 교재를 십수 년째 만들고 있는데, 아들이 수학 나머지 공부라니요? 정신이 번쩍 들었습니다.

저학년 때는 어쩌다 반타작하는 날이 있긴 했지만 곧잘 100점도 맞아 오고 해서 '그래, 머리가 나쁜 건 아니야.' 하고 위안을 삼으며

'아직 저학년이잖아. 차차 나아지겠지.'라는 생각에 공부를 강요하지 않았습니다.

그런데 아이는 어느새 훌쩍 자라 여느 아이들처럼 수학 좌절감을 맛보기 시작하는 5학년이 되어 있었습니다.

학원에 보낼까 고민도 했지만, 그래도 엄마가 수학 전문가인데… 영어면 모를까 내 아이 수학 공부는 엄마표로 책임져 보기로 했습니다.

아이도 나머지 공부가 은근 자존심 상했는지 엄마의 제안을 순순히 받아들이더군요. 매일 계산법 1장, 문장제 1장, 초등수학 1장씩 수학 공부를 시작했습니다. 하지만 기초도 부실하고 학습 습관도 안 잡힌 녀석이 갑자기 하루 3장씩이나 풀다보니 힘에 부쳤겠지요.

호기롭게 시작한 수학 홈스터디는 공부량을 줄이려는 아들과의 전쟁으로 변질되어 갔습니다. 어떤 날은 애교와 엄살로 3장이 2장이 되고, 어떤 날은 울음과 샤우팅으로 3장이 아예 없던 일이 되어버리는 등 괴로움의 연속이었죠. 문제지 한 장과 게임 한 판의 딜이 오가는 일도 비일비재했습니다. 곧 중학생이 될 텐데… 엄마만 조급하고 녀석은 점점 잔꾀만 늘어가더라고요. 안 하느니만 못한 수학 공부 시간을 보내며 더이상 이대로는 안 되겠다 싶은 생각이 들었습니다. 이 전쟁을 끝낼 묘안이 절실했습니다.

우선 아이의 공부력에 비해 너무 과한 욕심을 부리지 않기로 했습니다. 매일 퇴근길에 계산법 한쪽과 문장제 한쪽으로 구성된 아이만의 맞춤형 수학 문제지를 한 장씩 만들어 갔지요. 그리고 아이와 함께 풀기 시작했습니다. 앞장에서 꼭 필요한 연산을 익히고, 뒷장에서 연산을 적용한 문장제나 응용문제를 풀게 했더니 응용문제도 연산의 연장으로 받아들이면서 어렵지 않게 접근했습니다. 아이 또한 확 줄어든 학습량에 아주 만족해하더군요. 물론 평화가 바로 찾아온 것은 아니었지만, 결과는 성공적이었다고 자부합니다.

이 경험은 <기적의 계산법 응용UP>을 기획하고 구현하게 된 시발점이 되었답니다.

1. 학습 부담을 줄일 것! 딱 한 장에 앞 연산, 뒤 응용으로 수학 핵심만 공부하게 하자.

2. 문장제와 응용은 꼭 알아야 하는 학교 수학 난이도만큼! 성취감, 수학자신감을 느끼게 하자.

3. 욕심을 버리고, 매일 딱 한 장만! 짧고 굵게 공부하는 습관을 만들어 주자.

이 책은 위 세 가지 덕목을 갖추기 위해 무던히 애쓴 교재입니다.

<기적의 계산법 응용UP>이 저와 같은 고민으로 괴로워하는 엄마들과 언젠가는 공부하는 재미에

푹 빠지게 될 아이들에게 울트라 종합비타민 같은 선물이 되길 진심으로 바랍니다.

길벗스쿨 기적학습연구소에서

매일 한 장으로 완성하는 응용UP 학습설계

Step 1
핵심개념 이해

▶ 단원별 핵심 내용을 시각화하여 정리하였습니다. 연산방법, 개념 등을 정확하게 이해한 다음,
사진을 찍듯 머릿속에 담아 두세요. 개념정리만 묶어 나만의 수학개념모음집을 만들어도 좋습니다.

Step 2
연산 + 응용 균형학습

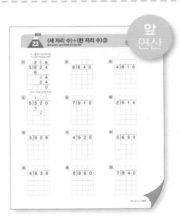

뒤집으면

▶ 앞 연산, 뒤 응용으로 구성되어 있어 매일 한 장 학습으로 연산훈련 뿐만 아니라 연산적용 응용문제
까지 한번에 학습할 수 있습니다. 매일 한 장씩 뜯어서 균형잡힌 연산 훈련을 해 보세요.

Step 3
평가로 실력점검

▶ 점수도 중요하지만, 얼마나 이해하고 있는지를 아는 것이 더 중요합니다.
배운 내용을 꼼꼼하게 확인하고, 틀린 문제는 앞으로 돌아가 한번 더 연습하세요.

▶ 매일 연산+응용으로 균형 있게 훈련합니다.

매일 하는 수학 공부, 연산만 편식하고 있지 않나요?
수학에서 연산은 에너지를 내는 탄수화물과 같지만,
그렇다고 밥만 먹으면 영양 불균형을 초래합니다.
튼튼한 근육을 만드는 단백질도 꼭꼭 챙겨 먹어야지요.
기적의 계산법 응용UP은 매일 한 장 학습으로
계산력과 응용력을 동시에 훈련할 수 있도록 만들었습니다.
앞에서 연산 반복훈련으로 속도와 정확성을 높이고,
뒤에서 바로 연산을 활용한 응용 문제를 해결하면서
문제이해력과 연산적용력을 키울 수 있습니다.
균형잡힌 연산 + 응용으로 수학기본기를 빈틈없이 쌓아 나갑니다.

▶ 다양한 응용 유형으로 폭넓게 학습합니다.

반복연습이 중요한 연산, 유형연습이 중요한 응용!
문장제형, 응용계산형, 빈칸추론형, 논리사고형 등 다양한 유형의 응용 문제에 연산을 적용해 보면서
연산에 대한 수학적 시야를 넓히고, 튼튼한 수학기초를 다질 수 있습니다.

| 문장제형 |

| 응용계산형 |

| 빈칸추론형 |

| 논리사고형 |

▶ 뜯기 한 장으로 언제, 어디서든 공부할 수 있습니다.

한 장씩 뜯어서 사용할 수 있도록 칼선 처리가 되어 있어
언제 어디서든 필요한 만큼 쉽게 공부할 수 있습니다.
매일 한 장씩 꾸준히 풀면서 공부 습관을 길러 봅니다.

차 례

01

곱셈

· 학습기록표 ·

학습 일차	학습 내용	날짜	맞은 개수	
			연산	응용
DAY 1	**(세 자리 수)×(한 자리 수)①** 올림이 없는 곱셈	/	/15	/5
DAY 2	**(세 자리 수)×(한 자리 수)②** 올림이 1번 있는 곱셈	/	/15	/5
DAY 3	**(세 자리 수)×(한 자리 수)③** 올림이 2번, 3번 있는 곱셈	/	/15	/8
DAY 4	**(세 자리 수)×(한 자리 수)④** (세 자리 수)×(한 자리 수) 세로셈 연습	/	/15	/9
DAY 5	**(세 자리 수)×(한 자리 수)⑤** (세 자리 수)×(한 자리 수) 가로셈 연습	/	/12	/5
DAY 6	**(두 자리 수)×(두 자리 수)①** (몇십)×(몇십), (몇십몇)×(몇십) 가로셈으로 알아보기	/	/8	/6
DAY 7	**(두 자리 수)×(두 자리 수)②** (몇십)×(몇십), (몇십몇)×(몇십) 세로셈으로 알아보기	/	/15	/5
DAY 8	**(두 자리 수)×(두 자리 수)③** 올림이 있는 곱셈의 세로셈	/	/11	/6
DAY 9	**(두 자리 수)×(두 자리 수)④** 올림이 있는 곱셈의 세로셈	/	/12	/5
DAY 10	**(두 자리 수)×(두 자리 수)⑤** (두 자리 수)×(두 자리 수) 세로셈 연습	/	/12	/5
DAY 11	**(두 자리 수)×(두 자리 수)⑥** (두 자리 수)×(두 자리 수) 가로셈 연습	/	/9	/4
DAY 12	**곱셈 종합①** (세 자리 수)×(한 자리 수)/(두 자리 수)×(두 자리 수)	/	/12	/4
DAY 13	**곱셈 종합②** (세 자리 수)×(한 자리 수)/(두 자리 수)×(두 자리 수)	/	/9	/5
DAY 14	**마무리 확인**	/		/24

책상에 붙여 놓고
매일매일 기록해요.

1. 곱셈

▶ (세 자리 수)×(한 자리 수)

계산 방법	원리 이해

백	십	일
	4	
7	**2**	**8**
×		**6**
		8

❶ 일의 자리 8과 6 계산하기

$8 \times 6 = \underline{48}$

8은 일의 자리에 써요.

4는 십의 자리로 올림해요.

백	십	일
1	4	
7	**2**	**8**
×		**6**
	6	8

❷ 십의 자리 2와 6 계산하기

$2 \times 6 = 12$

$12 + \underset{\downarrow}{4} = \underline{16}$

일의 자리에서 올림한 수를 더해요.

6은 십의 자리에 써요.

1은 백의 자리로 올림해요.

백	십	일
1	4	
7	**2**	**8**
×		**6**
4	**3**	**6**	**8**

❸ 백의 자리 7과 6 계산하기

$7 \times 6 = 42$

$42 + \underset{\downarrow}{1} = \underline{43}$

십의 자리에서 올림한 수를 더해요.

3은 백의 자리에 써요.

4는 천의 자리에 써요.

(두 자리 수)×(두 자리 수)

계산 방법

천	백	십	일
		4	7
	×	3	8
	3	7	6

천	백	십	일
		4	7
	×	3	8
	3	7	6
1	4	1	0

천	백	십	일
		4	7
	×	3	8
	3	7	6	…47×8
1	4	1	0	…47×30
1	7	8	6	…376+1410

원리 이해

38을 30+8로 생각하고 계산해요.

❶ 47과 8 계산하기

```
    5
  4 7
× 3 8
  3 7 6
```

❷ 47과 30 계산하기

```
  4 7
× 3 0
1 4 1 0
```

```
    2
  4 7
×   3
1 4 1
```

❸ 두 곱을 더하기

47×8의 곱과 47×30의 곱을 더합니다.

376 + 1410 = 1786

1
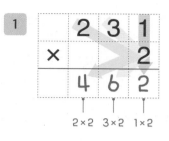

```
    2 3 1
  ×     2
  ─────────
    4 6 2
      │ │ │
    2×2 3×2 1×2
```

6
```
    2 4 4
  ×     2
  ─────────
```

11
```
    3 1 4
  ×     2
  ─────────
```

2
```
    1 2 3
  ×     3
  ─────────
```

7
```
    4 0 3
  ×     2
  ─────────
```

12
```
    2 1 3
  ×     2
  ─────────
```

3
```
    2 1 2
  ×     4
  ─────────
```

8
```
    1 2 0
  ×     3
  ─────────
```

13
```
    1 3 2
  ×     3
  ─────────
```

4
```
    1 4 4
  ×     2
  ─────────
```

9
```
    3 0 2
  ×     3
  ─────────
```

14
```
    2 4 0
  ×     2
  ─────────
```

5
```
    2 0 1
  ×     4
  ─────────
```

10
```
    3 2 3
  ×     3
  ─────────
```

15
```
    1 4 3
  ×     2
  ─────────
```

1 토마토가 한 상자에 132개씩 들어 있습니다. 3상자에 들어 있는 토마토는 모두 몇 개일까요?

식 $132 \times 3 =$

답 _____

2 진주는 둘레가 210 m인 실내 스케이트장을 4바퀴 돌았습니다. 진주가 스케이트를 탄 거리는 모두 몇 m일까요?

식

답 _____

3 책꽂이 한 칸에 책이 123권씩 꽂혀 있습니다. 3칸에 꽂혀 있는 책은 모두 몇 권일까요?

식

답 _____

4 길벗 제과점에서는 일주일에 단팥빵을 120개 만듭니다. 4주 동안 만드는 단팥빵은 모두 몇 개일까요?

식

답 _____

5 수하네 학교 3학년 학생은 모두 112명입니다. 학생 한 명에게 도화지를 4장씩 나누어 주려고 합니다. 도화지는 모두 몇 장 필요할까요?

식

답 _____

[1]

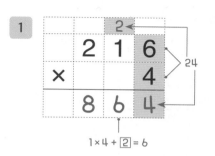

$1 \times 4 + 2 = 6$

[2]
```
      2 1 8
  ×       4
```

[3]
```
      4 0 8
  ×       2
```

[4]
```
      1 1 4
  ×       7
```

[5]
```
      3 2 5
  ×       3
```

[6]
```
      1 7 2
  ×       3
```

[7]
```
      1 6 2
  ×       4
```

[8]
```
      1 9 2
  ×       3
```

[9]
```
      1 8 2
  ×       4
```

[10]
```
      4 5 3
  ×       2
```

[11]
```
      8 1 2
  ×       4
```

[12]
```
      6 1 1
  ×       5
```

[13]
```
      7 0 1
  ×       8
```

[14]
```
      9 2 3
  ×       3
```

[15]
```
      5 0 2
  ×       2
```

1 민정이네 학교 도서관에 책을 125권씩 꽂을 수 있는 책꽂이가 3개 새로 들어왔습니다. 책을 몇 권 더 꽂을 수 있게 되었나요?

식 $125 \times 3 =$

답 _____

2 호빈이네 밭에서 고구마는 172개, 감자는 고구마의 4배를 수확했습니다. 수확한 감자는 모두 몇 개인가요?

식

답 _____

3 준호네 학교 운동장을 한 바퀴 돌면 301 m를 걷게 됩니다. 운동장을 5바퀴 돌면 모두 몇 m를 걷게 될까요?

식

답 _____

4 은빈이는 720원짜리 과자를 4봉지 샀습니다. 은빈이가 산 과자 값은 모두 얼마인가요?

식

답 _____

5 지수는 매일 줄넘기를 113번씩 합니다. 지수는 일주일 동안 줄넘기를 모두 몇 번 하는 걸까요?

주의

113번씩 며칠 동안 한 걸까?

식

답 _____

1
```
      3
    3 7 1
  ×     5
  1 8 5 5
```
3×5 + ③ = 18

6
```
    2 7 6
  ×     3
```

11
```
    3 7 4
  ×     6
```

2
```
    4 8 1
  ×     7
```

7
```
    1 6 3
  ×     4
```

12
```
    5 7 8
  ×     4
```

3
```
    6 4 2
  ×     3
```

8
```
    1 4 7
  ×     4
```

13
```
    2 8 9
  ×     5
```

4
```
    7 9 3
  ×     3
```

9
```
    1 5 3
  ×     6
```

14
```
    5 6 8
  ×     7
```

5
```
    7 8 2
  ×     4
```

10
```
    2 4 4
  ×     4
```

15
```
    6 9 8
  ×     4
```

잘못 계산한 부분을 찾아 바르게 고치세요.

1

```
  1 1 2
×     7
───────
  7 7 4
```
➡
```
  1 1 2
×     7
───────
  7 8 4
```

일의 자리에서
올림한 수 1을 더해야지.

5

```
  3 0 1
×     5
───────
  1 5 5
```
➡
```
  3 0 1
×     5
───────
```

2

```
  2 4 2
×     4
───────
  8 6 8
```
➡
```
  2 4 2
×     4
───────
```

6

```
  1 3 0
×     5
───────
  5 1 5
```
➡
```
  1 3 0
×     5
───────
```

3

```
  4 3 2
×     7
───────
2 8 1 4
```
➡
```
  4 3 2
×     7
───────
```

7

```
  6 2 3
×     5
───────
3 0 1 5
```
➡
```
  6 2 3
×     5
───────
```

4

```
  5 0 2
×     8
───────
  4 1 6
```
➡
```
  5 0 2
×     8
───────
```

8

```
  7 3 4
×     3
───────
2 1 9 2
```
➡
```
  7 3 4
×     3
───────
```

1.
$$\begin{array}{r} 3\ 1\ 2 \\ \times\ 3 \\ \hline \end{array}$$

2.
$$\begin{array}{r} 2\ 3\ 5 \\ \times\ 3 \\ \hline \end{array}$$

3.
$$\begin{array}{r} 1\ 7\ 6 \\ \times\ 4 \\ \hline \end{array}$$

4.
$$\begin{array}{r} 5\ 8\ 4 \\ \times\ 6 \\ \hline \end{array}$$

5.
$$\begin{array}{r} 7\ 2\ 6 \\ \times\ 4 \\ \hline \end{array}$$

6.
$$\begin{array}{r} 2\ 4\ 3 \\ \times\ 2 \\ \hline \end{array}$$

7.
$$\begin{array}{r} 4\ 5\ 7 \\ \times\ 4 \\ \hline \end{array}$$

8.
$$\begin{array}{r} 5\ 3\ 6 \\ \times\ 8 \\ \hline \end{array}$$

9.
$$\begin{array}{r} 3\ 8\ 5 \\ \times\ 7 \\ \hline \end{array}$$

10.
$$\begin{array}{r} 6\ 4\ 5 \\ \times\ 7 \\ \hline \end{array}$$

11.
$$\begin{array}{r} 4\ 0\ 3 \\ \times\ 2 \\ \hline \end{array}$$

12.
$$\begin{array}{r} 3\ 5\ 8 \\ \times\ 9 \\ \hline \end{array}$$

13.
$$\begin{array}{r} 6\ 4\ 3 \\ \times\ 7 \\ \hline \end{array}$$

14.
$$\begin{array}{r} 4\ 6\ 8 \\ \times\ 9 \\ \hline \end{array}$$

15.
$$\begin{array}{r} 3\ 8\ 4 \\ \times\ 6 \\ \hline \end{array}$$

□ 안에 알맞은 수를 쓰세요.

1
$$\begin{array}{r} 2\ \square\ 1 \\ \times\qquad 3 \\ \hline \square\ 9\ 3 \end{array}$$
□×3=9에서 □는?

4
$$\begin{array}{r} 7\ 1\ \square \\ \times\qquad 6 \\ \hline 4\ 2\ \square\ 4 \end{array}$$

7
$$\begin{array}{r} \square\ \square\ 7 \\ \times\qquad 3 \\ \hline 9\ 8\ 1 \end{array}$$

2
$$\begin{array}{r} \square\ 3\ 4 \\ \times\qquad \square \\ \hline 3\ 7\ 3\ 8 \end{array}$$

5
$$\begin{array}{r} \square\ 5\ 8 \\ \times\qquad 4 \\ \hline 1\ 0\ \square\ 2 \end{array}$$

8
$$\begin{array}{r} 4\ 6\ \square \\ \times\qquad 2 \\ \hline \square\ 3\ 4 \end{array}$$

3
$$\begin{array}{r} 8\ \square\ 3 \\ \times\qquad \square \\ \hline 1\ 7\ 4\ 6 \end{array}$$

6
$$\begin{array}{r} \square\ 6\ \square \\ \times\qquad 3 \\ \hline 2\ 3\ \square\ 4 \end{array}$$

9
$$\begin{array}{r} 2\ \square\ 4 \\ \times\qquad \square \\ \hline 2\ \square\ 1\ 2 \end{array}$$

1 214×3 =

2 437×4 =

3 526×8 =

4 263×9 =

5 127×4 =

6 705×8 =

7 435×7 =

8 510×8 =

9 365×3 =

10 287×6 =

11 843×5 =

12 503×6 =

1 철사로 한 변이 **126 cm**인 정사각형 모양의 울타리를 만들려고 합니다. 필요한 철사는 몇 **cm**인가요?

주의 곱하는 수가 없다고?

답 _____

2 선물 상자 한 개를 포장하는 데 초록색 끈 **84 cm**, 노란색 끈 **52 cm**가 필요합니다. 선물 상자 **7개**를 포장하는 데 필요한 끈은 모두 몇 **cm**인가요?

답 _____

3 지성이는 줄넘기를 하루에 **128번**씩 하려고 합니다. 지성이가 줄넘기를 **4주** 동안 매일 한다면 모두 몇 번을 하게 될까요?

답 _____

4 재민이는 **680원**짜리 공책 **4권**과 **370원**짜리 연필 **7자루**를 샀습니다. 재민이가 산 학용품 값은 모두 얼마인가요?

답 _____

5 수진이네 학교 전체 학생 수는 **248명**입니다. 전체 학생에게 공책을 **4권**씩 나누어 주려고 **1000권**을 샀습니다. 나누어 주고 남는 공책은 몇 권일까요?

답 _____

1 $20 \times 40 =$ | | 8 | 0 | 0 |

$20 \times 50 =$ | 1 | 0 | 0 | 0 |

$20 \times 60 =$ | | | 0 | 0 |

$2 \times 6 = 12$ 곱하는 두 수의 0의 개수만큼 0을 붙이자!

5 $23 \times 40 =$ | | 9 | 2 | 0 |

$23 \times 50 =$ | 1 | 1 | 5 | 0 |

$23 \times 60 =$ | | | | 0 |

$23 \times 6 = 138$

2 $40 \times 40 =$

$40 \times 50 =$

$40 \times 60 =$

6 $57 \times 20 =$

$57 \times 40 =$

$57 \times 50 =$

3 $60 \times 70 =$

$60 \times 80 =$

$60 \times 90 =$

7 $36 \times 20 =$

$36 \times 70 =$

$36 \times 90 =$

4 $30 \times 50 =$

$50 \times 70 =$

$80 \times 90 =$

8 $63 \times 50 =$

$74 \times 40 =$

$38 \times 70 =$

□ 안에 알맞은 수를 쓰세요.

1
$70 \times 20 = \boxed{14}\,00$
$40 \times 80 = \boxed{}\,00$
$50 \times 90 = \boxed{}\,00$
$60 \times 60 = \boxed{}\,00$

4
$30 \times 70 = 21\boxed{}$
$50 \times 50 = 25\boxed{}$
$60 \times 30 = 18\boxed{}$
$90 \times 40 = 36\boxed{}$

2
$60 \times \boxed{} = 4800$
$30 \times \boxed{} = 2400$
$50 \times \boxed{} = 3000$
$80 \times \boxed{} = 7200$

5
$\boxed{} \times 20 = 1600$
$\boxed{} \times 40 = 2800$
$\boxed{} \times 70 = 4200$
$\boxed{} \times 60 = 5400$

3
$\boxed{} \times 30 = 2190$
$\boxed{} \times 80 = 2480$
$\boxed{} \times 50 = 2150$
$\boxed{} \times 70 = 3780$

6
$23 \times \boxed{} = 1150$
$38 \times \boxed{} = 2280$
$45 \times \boxed{} = 1800$
$74 \times \boxed{} = 2220$

1

```
      3 0
  ×   5 0
  1 5 0 0
```

6

```
      2 7
  ×   5 0
          0
```

11

```
      4 0
  ×   2 6
          0
```

2

```
      5 0
  ×   7 0
```

7

```
      3 6
  ×   4 0
```

12

```
      3 0
  ×   4 5
```

3

```
      6 0
  ×   8 0
```

8

```
      5 2
  ×   4 0
```

13

```
      6 0
  ×   5 4
```

4

```
      9 0
  ×   4 0
```

9

```
      7 4
  ×   6 0
```

14

```
      8 0
  ×   3 6
```

5

```
      8 0
  ×   7 0
```

10

```
      3 8
  ×   9 0
```

15

```
      4 0
  ×   5 8
```

1 클립이 한 통에 50개씩 들어 있습니다. 30통에 들어 있 는 클립은 모두 몇 개일까요?

식

답 _____

2 한 대에 30명씩 탈 수 있는 버스가 있습니다. 이 버스 40대 에 탈 수 있는 사람은 모두 몇 명일까요?

식

답 _____

3 색연필이 한 통에 24자루씩 들어 있습니다. 30통에 들 어 있는 색연필은 모두 몇 자루일까요?

식

답 _____

4 사람은 보통 1분에 15번 정도 눈을 깜박인다고 합니다. 그렇다면 1시간 동안에는 모두 몇 번 깜박이게 될까요?

식

답 _____

5 지후네 반 남학생은 14명이고 여학생은 16명입니다. 미 술 시간에 한 사람에게 색종이를 15장씩 나누어 주었습 니다. 나누어 준 색종이는 모두 몇 장일까요?

답 _____

1

$$
\begin{array}{r}
2\ 4 \\
\times\ 7\ 6 \\
\hline
1\ 4\ 4 \\
1\ 6\ 8\ 0 \\
\hline
1\ 8\ 2\ 4
\end{array}
$$

$$
\begin{array}{r}
2\ 4 \\
\times\ \ 6 \\
\hline
1\ 4\ 4
\end{array}
$$

$$
\begin{array}{r}
2\ 4 \\
\times\ 7\ 0 \\
\hline
1\ 6\ 8\ 0
\end{array}
$$

 24×76에서 실제로 계산하는 식은 24×6, 24×7이 돼.

2
$$
\begin{array}{r}
5\ 4 \\
\times\ 2\ 8 \\
\hline
\end{array}
$$

3
$$
\begin{array}{r}
6\ 6 \\
\times\ 8\ 4 \\
\hline
\end{array}
$$

4
$$
\begin{array}{r}
4\ 4 \\
\times\ 7\ 6 \\
\hline
\end{array}
$$

5
$$
\begin{array}{r}
4\ 7 \\
\times\ 3\ 5 \\
\hline
\end{array}
$$

6
$$
\begin{array}{r}
4\ 5 \\
\times\ 6\ 2 \\
\hline
\end{array}
$$

7
$$
\begin{array}{r}
5\ 7 \\
\times\ 3\ 8 \\
\hline
\end{array}
$$

8
$$
\begin{array}{r}
3\ 2 \\
\times\ 4\ 3 \\
\hline
\end{array}
$$

9
$$
\begin{array}{r}
7\ 5 \\
\times\ 5\ 3 \\
\hline
\end{array}
$$

10
$$
\begin{array}{r}
8\ 3 \\
\times\ 4\ 9 \\
\hline
\end{array}
$$

11
$$
\begin{array}{r}
9\ 3 \\
\times\ 6\ 4 \\
\hline
\end{array}
$$

□ 안에 알맞은 수를 쓰세요.

1
```
      □ 1
×     4 3
---------
      9 3
□ □   4
---------
1 □   3 3
```

4
```
      5 4
×     4 □
---------
      3 2 4
2 □ □
---------
2 □   8 4
```

2
```
    2 □
×   3 7
-------
□ □   2
7 □
-------
□     6 2
```

5
```
      7 □
×     □ 4
---------
    2 □ 2
3 □   5
---------
3 □ □ 2
```

3
```
    6 □
×   □ 8
-------
  □ 1 2
4 □   8
-------
□ 9 9 2
```

6
```
      □ 7
×     8 □
---------
    1 4 1
□ □   6
---------
3 □   0 1
```

1
```
      2 7
×   5 2
```

5
```
      3 6
×   4 3
```

9
```
      4 2
×   6 7
```

2
```
      4 8
×   5 2
```

6
```
      7 3
×   5 4
```

10
```
      6 4
×   8 5
```

3
```
      6 4
×   7 5
```

7
```
      7 5
×   3 2
```

11
```
      3 8
×   5 9
```

4
```
      4 6
×   8 6
```

8
```
      5 7
×   3 6
```

12
```
      9 4
×   7 3
```

1 초콜릿이 한 상자에 8개씩 4줄로 들어 있습니다. 17상자에 들어 있는 초콜릿은 모두 몇 개일까요?

 주의 지금부터는 곱하는 수를 잘 찾아야 해.

답 _____

2 호빈이는 매일 타자 연습을 35분씩 합니다. 호빈이가 4주 동안 타자 연습을 하는 시간은 모두 몇 분일까요?

답 _____

3 인형을 1분에 68개씩 만드는 공장이 있습니다. 이 공장에서 1시간 30분 동안 만들 수 있는 인형은 모두 몇 개일까요?

답 _____

4 지훈이는 한 달에 9번씩 축구 교실에 갑니다. 지훈이가 축구 교실에 3년 동안 다녔다면 모두 몇 번을 다닌 것일까요?

답 _____

5 한 상자에 초록색 구슬 36개와 주황색 구슬 28개가 들어 있습니다. 18상자에 들어 있는 구슬은 모두 몇 개일까요?

답 _____

1
```
    2 0
  × 5 0
```

5
```
    4 0
  × 8 3
```

9
```
      2
  × 6 0
```

2
```
    3 7
  × 4 6
```

6
```
    6 8
  × 3 5
```

10
```
    9 0
  × 8 0
```

3
```
    6 4
  × 7 0
```

7
```
    5 7
  × 4 6
```

11
```
    2 8
  × 9 3
```

4
```
      4
  × 6 7
```

8
```
    7 4
  × 3 0
```

12
```
    4 3
  × 8 6
```

| 어떤 수 구하는 문제 |

1 어떤 수에 17을 곱해야 할 것을 잘못하여 더했더니 52가 되었습니다. 바르게 계산하면 얼마일까요?

어떤 수를 □라 하면 □+17=52, □=?

답 _____

2 어떤 수에 30을 곱해야 할 것을 잘못하여 뺐더니 47이 되었습니다. 바르게 계산하면 얼마일까요?

답 _____

3 58에 어떤 수를 곱해야 하는데 잘못하여 뺐더니 31이 되었습니다. 바르게 계산하면 얼마일까요?

답 _____

4 67에 어떤 수를 곱했더니 938이 되었습니다. 67에 어떤 수의 2배를 곱하면 얼마일까요?

아하!

어떤 수를 꼭 구해야 할까?

답 _____

5 어떤 수에 29를 곱해야 하는데 잘못하여 더했더니 88이 되었습니다. 어떤 수와 37의 곱은 얼마일까요?

답 _____

1 $14 \times 32 =$

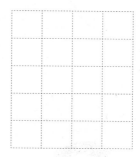

4 $27 \times 46 =$

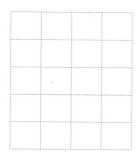

7 $6 \times 40 =$

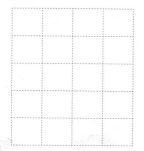

2 $43 \times 36 =$

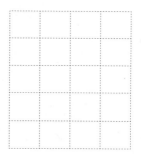

5 $36 \times 50 =$

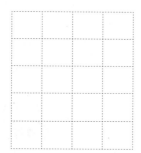

8 $30 \times 65 =$

3 $82 \times 45 =$

6 $7 \times 56 =$

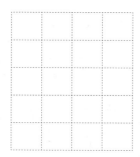

9 $75 \times 28 =$

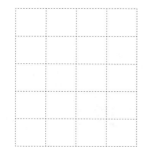

| 어림하여 곱 비교하는 문제 |

1 계산 결과가 더 큰 곱셈을 말한 사람은 누구인가요?

72×53

80×40

재영

민우

72를 70으로, 53을 50으로 생각하자.

답 _____

2 계산 결과가 2300보다 큰 곱셈을 말한 사람은 누구인가요?

28×70

40×63

지선

해리

답 _____

3 주어진 수 중에서 □ 안에 들어갈 수 있는 수를 모두 찾아 쓰세요.

□×78>400

(5 , 6 , 7 , 8 , 9)

답 _____

4 □ 안에 들어갈 수 있는 수 중에서 가장 작은 두 자리 수를 구하세요.

2540<32×□

답 _____

곱셈 종합 ①
(세 자리 수)×(한 자리 수)/(두 자리 수)×(두 자리 수)

1
```
    4 2 5
  ×     2
```

2
```
    8 0
  × 2 6
```

3
```
  7 0 8
  ×   7
```

4
```
  5 4 6
  ×   9
```

5
```
    2 5
  × 7 0
```

6
```
  5 1 7
  ×   3
```

7
```
    5 3
  × 6 4
```

8
```
    5 5
  × 6 2
```

9
```
    6 4
  × 5 2
```

10
```
    4 6
  × 3 8
```

11
```
    8 4
  × 7 2
```

12
```
    7 6
  × 4 3
```

| 곱이 가장 크거나 가장 작은 곱셈식 만드는 문제 |

다음 수 카드를 한 번씩만 사용하여 곱이 가장 큰 곱셈식을 만들고 곱을 구하세요.

1

아하!

십의 자리 수가 클수록 곱이 커져.

 3

× 2

곱 _____

다음 수 카드를 한 번씩만 사용하여 곱이 가장 작은 곱셈식을 만들고 곱을 구하세요.

3 6 2 8

4 □ □

× □⊙

곱이 작아지려면 백의 자리 수와 곱하는 수 ⊙이 어떻게 되어야 할까?

곱 _____

2 4 7 9

2 □

× □ □

곱 _____

4 2 5 6

□ □

× 7 □

곱 _____

1 $133 \times 3 =$

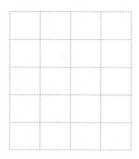

4 $37 \times 40 =$

7 $32 \times 49 =$

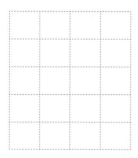

2 $407 \times 4 =$

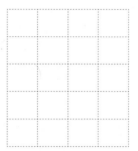

5 $65 \times 83 =$

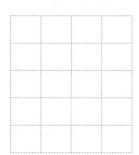

8 $60 \times 30 =$

3 $65 \times 38 =$

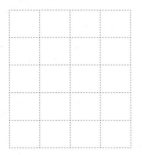

6 $50 \times 72 =$

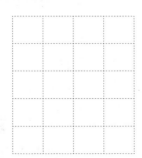

9 $247 \times 6 =$

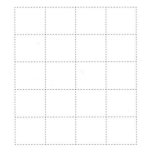

응용 UP 곱셈 종합 ②

1 진경이네 학교 학생을 한 줄에 25명씩 32줄로 세우려면 ⟨12명이 부족⟩합니다. 진경이네 학교 학생은 모두 몇 명인가요? 25×32보다 12 작다는 뜻이야.

답 _____

2 학급 문고에 있는 책을 한 묶음에 15권씩 묶었더니 동화책은 24묶음이 되고 과학책은 17묶음이 되었습니다. 동화책은 과학책보다 몇 권 더 많은가요?

답 _____

3 준영이는 70원짜리 클립 25개와 840원짜리 지우개 7개를 사고 8000원을 냈습니다. 준영이는 거스름돈으로 얼마를 받아야 할까요?

답 _____

4 토마토가 한 상자에 50개씩 들어 있습니다. 이 토마토 30상자를 학생 236명에게 6개씩 나누어 줄 때 남는 토마토는 몇 개일까요?

답 _____

5 밭에서 수확한 무를 한 상자에 27개씩 담았더니 30상자가 되었습니다. 이 무를 한 자루에 15개씩 담아서 52자루를 팔았습니다. 팔고 남은 무는 몇 개인가요?

답 _____

1 곱셈을 하세요.

(1)
$$\begin{array}{r} 312 \\ \times\quad 4 \\ \hline \end{array}$$

(4)
$$\begin{array}{r} 504 \\ \times\quad 6 \\ \hline \end{array}$$

(7)
$$\begin{array}{r} 742 \\ \times\quad 8 \\ \hline \end{array}$$

(2)
$$\begin{array}{r} 436 \\ \times\quad 3 \\ \hline \end{array}$$

(5)
$$\begin{array}{r} 623 \\ \times\quad 5 \\ \hline \end{array}$$

(8)
$$\begin{array}{r} 374 \\ \times\quad 3 \\ \hline \end{array}$$

(3) $201 \times 3 =$

(6) $426 \times 4 =$

(9) $342 \times 7 =$

2 곱셈을 하세요.

(1)
$$\begin{array}{r} 26 \\ \times 13 \\ \hline \end{array}$$

(4)
$$\begin{array}{r} 30 \\ \times 90 \\ \hline \end{array}$$

(7)
$$\begin{array}{r} 52 \\ \times 74 \\ \hline \end{array}$$

(2)
$$\begin{array}{r} 43 \\ \times 32 \\ \hline \end{array}$$

(5)
$$\begin{array}{r} 56 \\ \times 28 \\ \hline \end{array}$$

(8)
$$\begin{array}{r} 40 \\ \times 86 \\ \hline \end{array}$$

(3) $81 \times 50 =$

(6) $47 \times 24 =$

(9) $64 \times 34 =$

3 잘못 계산한 부분을 찾아 바르게 고치세요.

(1)
```
    8 0
  × 5 0
  ─────
  4 0 0
```
→
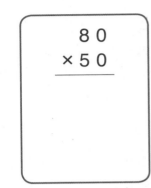
```
    8 0
  × 5 0
```

(2)
```
    4 3
  × 6 2
  ─────
    8 6
  2 5 8
  ─────
  3 4 4
```
→
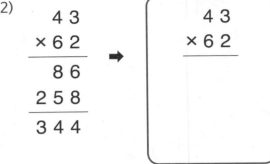
```
    4 3
  × 6 2
```

4 귤을 따서 큰 상자에는 75개씩 50상자에 담고, 작은 상자에는 20개씩 30상자에 담았습니다. 큰 상자와 작은 상자에 담은 귤은 모두 몇 개일까요?

(   )

5 어떤 수에 26을 곱해야 할 것을 잘못하여 더했더니 92가 되었습니다. 바르게 계산하면 얼마일 까요?

(   )

6 □ 안에 들어갈 수 있는 수 중에서 가장 작은 두 자리 수를 구하세요.

$$□ × 57 > 1700$$

(   )

7 다음 수 카드를 한 번씩만 사용하여 곱이 가장 큰 곱셈식을 만들고 곱을 구하세요.

```
     □ □
  ×  7 □
  ──────
```

곱 (   )

02
나눗셈

· 학습기록표 ·

학습일차	학습 내용	날짜	맞은 개수	
			연산	응용
DAY 15	(두 자리 수)÷(한 자리 수)① 내림이 없는 경우	/	/16	/4
DAY 16	(두 자리 수)÷(한 자리 수)② 내림이 있는 (몇십)÷(몇)/(몇십몇)÷(몇)	/	/16	/4
DAY 17	(두 자리 수)÷(한 자리 수)③ 내림이 있는 (몇십몇)÷(몇)	/	/16	/9
DAY 18	(두 자리 수)÷(한 자리 수)④ 나머지가 있는 (몇십몇)÷(몇)	/	/9	/5
DAY 19	(두 자리 수)÷(한 자리 수)⑤ (몇십몇)÷(몇) 세로셈 연습	/	/16	/4
DAY 20	(두 자리 수)÷(한 자리 수)⑥ (몇십몇)÷(몇) 가로셈 연습	/	/9	/5
DAY 21	(세 자리 수)÷(한 자리 수)① 내림이 없는 (몇백)÷(몇)/(몇백몇십)÷(몇)/(몇백몇십몇)÷(몇)	/	/9	/5
DAY 22	(세 자리 수)÷(한 자리 수)② 내림이 있고 몫이 세 자리 수인 경우	/	/9	/10
DAY 23	(세 자리 수)÷(한 자리 수)③ 몫의 일 또는 십의 자리에 0이 있는 경우	/	/12	/4
DAY 24	(세 자리 수)÷(한 자리 수)④ 몫이 두 자리 수인 경우	/	/12	/6
DAY 25	(세 자리 수)÷(한 자리 수)⑤ 나머지가 있는 (세 자리 수)÷(한 자리 수)	/	/9	/5
DAY 26	(세 자리 수)÷(한 자리 수)⑥ (세 자리 수)÷(한 자리 수) 가로셈 연습	/	/9	/4
DAY 27	**나눗셈 종합①** 나눗셈을 하고 맞는지 확인하기	/	/9	/4
DAY 28	**나눗셈 종합②** 나눗셈을 하고 맞는지 확인하기	/	/9	/4
DAY 29	**나눗셈 종합③** □ 안의 수 구하기	/	/14	/5
DAY 30	**마무리 확인**	/		/18

책상에 붙여 놓고
매일매일 기록해요.

2. 나눗셈

(두 자리 수)÷(한 자리 수)

계산 순서

$$75 \div 3$$

나누어지는 수   나누는 수

계산 방법

$3\,\overline{)\,7\;5}$

나누는 수   나누어지는 수

❶ 십의 자리

7÷3을 먼저 계산합니다.

 십 7개를 3개씩 묶으면 2묶음이 되고 십 1개가 남아요.

```
      2
 3 ) 7  5
     6
     1
```

❷ 일의 자리

15÷3을 계산합니다.

 십의 자리에서 남은 십 1개와 일 5개를 더하면 15예요.

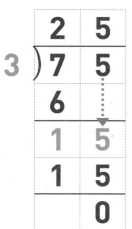

```
      2  5
 3 ) 7  5
     6
     1  5
     1  5
        0
```

(세 자리 수)÷(한 자리 수)

계산 순서	계산 방법

❶ 백의 자리

8÷4

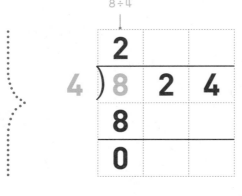

6÷8을 할 수 없으므로
몫은 십의 자리부터 구해요.

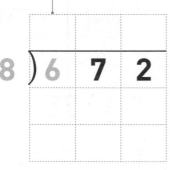

❷ 십의 자리

2÷4를 할 수 없으므로
몫의 십의 자리에 0을 써요.

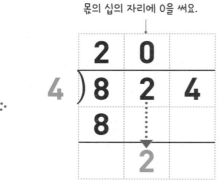

백 6개는 십 60개이므로 십 7개와
더해서 67÷8을 계산해요.

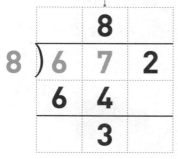

❸ 일의 자리

24÷4를 계산해요.

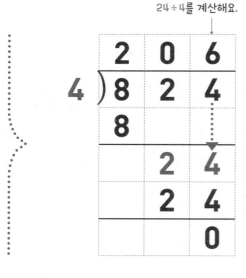

32÷8을 계산해요.

(두 자리 수)÷(한 자리 수) ①
내림이 없는 경우

1
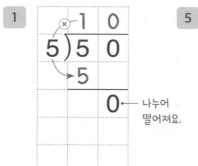

$$5\overline{)50} = 10$$

나누어
떨어져요.

5
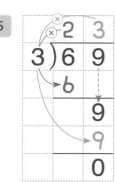

$$3\overline{)69} = 23$$

9

$$2\overline{)60}$$

13

$$4\overline{)84}$$

2

$$2\overline{)80}$$

6
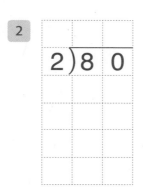

$$4\overline{)48}$$

10
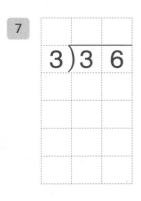

$$3\overline{)93}$$

14

$$3\overline{)63}$$

3

$$3\overline{)90}$$

7
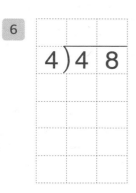

$$3\overline{)36}$$

11
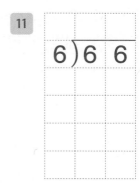

$$6\overline{)66}$$

15

$$5\overline{)55}$$

4

$$3\overline{)60}$$

8
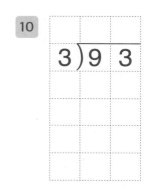

$$2\overline{)46}$$

12
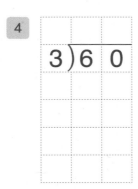

$$3\overline{)99}$$

16

$$4\overline{)88}$$

1 공책 60권이 있습니다. 6명에게 똑같이 나누어 주면 한 사람이 공책을 몇 권씩 가지게 될까요?

답 _____

2 구슬 80개를 상자 4개에 똑같이 나누어 담으려고 합니다. 상자 한 개에 구슬을 몇 개씩 담아야 할까요?

답 _____

3 사과 96개를 영민, 재하, 은정이네 가족이 똑같이 나누어 가지려고 합니다. 한 가족당 사과를 몇 개씩 가지면 될까요?

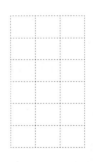

답 _____

4 색종이 48장을 한 명에게 4장씩 나누어 주면 모두 몇 명에게 나누어 줄 수 있을까요?

답 _____

1

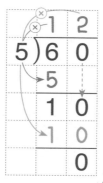

```
     1 2
  5)6 0
    5
    1 0
    1 0
        0
```

나머지 계산을
완성해 보세요.

2

```
     1
  4)6 0
    4
    2
```

3

```
  5)8 0
```

4

```
  6)9 0
```

5

```
  5)9 0
```

6

```
  2)7 0
```

7

```
  5)7 0
```

8

```
  2)5 0
```

9

```
  2)9 0
```

10

```
  2)3 0
```

11

```
  5)8 5
```

12

```
  6)8 4
```

13

```
  7)9 8
```

14

```
  4)9 6
```

15

```
  5)6 5
```

16

```
  2)7 4
```

1 사탕 60개를 4명에게 똑같이 나누어 주려고 합니다. 한 사람에게 사탕을 몇 개씩 주어야 할까요?

답 _____

2 우산의 길이는 70 cm입니다. 이 길이는 지우가 가지고 있는 연필로 5번 잰 길이와 같습니다. 연필의 길이는 몇 cm인가요?

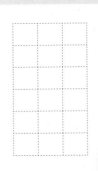

답 _____

3 장미 56송이가 있습니다. 이 장미를 꽃병 하나에 4송이씩 꽂으려고 합니다. 꽃병은 모두 몇 개 필요할까요?

답 _____

4 블록 72개를 똑같은 개수로 나누어 로봇 6개를 만들려고 합니다. 로봇 한 개를 만드는 데 블록을 몇 개 사용해야 할까요?

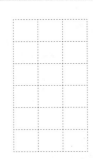

답 _____

DAY 17

(두 자리 수)÷(한 자리 수)③
내림이 있는 (몇십몇)÷(몇)

연산 UP

1
$$3\overline{)75}$$

5
$$4\overline{)52}$$

9
$$3\overline{)42}$$

13
$$5\overline{)75}$$

2
$$5\overline{)95}$$

6
$$2\overline{)36}$$

10
$$4\overline{)76}$$

14
$$6\overline{)72}$$

3
$$8\overline{)96}$$

7
$$7\overline{)91}$$

11
$$3\overline{)81}$$

15
$$4\overline{)68}$$

4
$$6\overline{)78}$$

8
$$7\overline{)84}$$

12
$$6\overline{)96}$$

16
$$2\overline{)56}$$

□ 안에 알맞은 수를 쓰세요.

1
```
      2 [0]
  4 ) 8 0
     [8]
      0
```

2
```
      3 □
  □ ) 9 3
      9
      □
      □
      0
```

3
```
      1 5
  □ ) 9 □
      6
      3 □
      □ □
      0
```

4
```
      2 □
  □ ) □ 0
      6
      0
```

5
```
      □ 2
  5 ) 6 □
      □
      □ 0
      □ □
      0
```

6
```
      4 □
  □ ) 9 2
      8
      1 □
      □ □
      0
```

7
```
      □ □
  2 ) □ 6
      8
      □
      6
      0
```

8
```
      2 □
  4 ) 9 □
      8
      □ 6
      □ □
      0
```

9
```
      □ □
  4 ) 6 □
      4
      □ □
      2 4
      0
```

1 53÷3＝17 … 2

몫 나머지

```
      1 7  ← 몫
   3)5 3
     3
     2 3
     2 1
       2  ← 나머지
```

4 81÷4＝20 … 1

```
      2 0  ← 1÷4를 할 수
   4)8 1     없으므로 몫의
     8        일의 자리는 0!
       1
```

7 41÷3＝

```
   3)4 1
```

바로 개념

나눗셈에서 나머지는 항상 나누는 수보다 (작아요 , 커요).

2 84÷5＝

```
   5)8 4
```

5 92÷3＝

```
   3)9 2
```

8 57÷6＝

```
   6)5 7
```

3 89÷8＝

```
   8)8 9
```

6 75÷7＝

```
   7)7 5
```

9 69÷4＝

```
   4)6 9
```

1 어느 제과점에서 단팥빵 67개를 만들어 한 봉지에 5개씩 포장해서 팔려고 합니다. 팔 수 있는 단팥빵은 몇 봉지이고, 남는 단팥빵은 몇 개인지 차례로 구하세요.

나머지

몫

67÷5에서 몫은 봉지 수,
나머지는 남는 단팥빵 수예요.

답 _____ , _____

2 참외 78개를 상자 4개에 똑같이 나누어 담으려고 합니다. 한 상자에 몇 개까지 담을 수 있는지, 이때 상자에 담고 남는 참외는 몇 개인지 차례로 구하세요.

답 _____ , _____

3 색종이 83장을 6명에게 똑같이 나누어 주려고 합니다. 한 명에게 색종이를 몇 장까지 줄 수 있고, 이때 몇 장이 남는지 차례로 구하세요.

답 _____ , _____

4 샌드위치 한 개를 만드는 데 햄이 4장 필요합니다. 햄 50장으로 샌드위치를 몇 개까지 만들 수 있고, 이때 남는 햄은 몇 장인지 차례로 구하세요

답 _____ , _____

5 목걸이 한 개를 만드는 데 구슬이 8개 필요합니다. 구슬 97개로 목걸이를 몇 개까지 만들 수 있을까요?

8개가 안 되면
목걸이를 못 만들어요.

답 _____

1

$$3\overline{)6\ 3}$$

2

$$5\overline{)6\ 7}$$

3

$$9\overline{)6\ 6}$$

4

$$4\overline{)8\ 7}$$

5

$$5\overline{)7\ 5}$$

6

$$7\overline{)5\ 1}$$

7

$$6\overline{)9\ 3}$$

8

$$3\overline{)7\ 5}$$

9

$$4\overline{)5\ 6}$$

10

$$8\overline{)9\ 2}$$

11

$$6\overline{)8\ 5}$$

12

$$7\overline{)9\ 5}$$

13

$$9\overline{)8\ 9}$$

14

$$3\overline{)6\ 2}$$

15

$$5\overline{)9\ 9}$$

16

$$8\overline{)8\ 3}$$

1 다음 나눗셈은 나누어떨어집니다. □ 안에 알맞은 수를 구하세요.

9□ ÷ 8

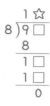

답 _____

2 다음 나눗셈은 나누어떨어집니다. □ 안에 알맞은 수를 모두 구하세요.

9□ ÷ 7

답 _____

3 다음 나눗셈은 나누어떨어집니다. □ 안에 알맞은 수를 모두 구하세요.

8□ ÷ 3

답 _____

4 다음 나눗셈은 나누어떨어집니다. 주어진 수 중에서 □ 안에 알맞은 수를 모두 고르세요.

54 ÷ □

(2 , 3 , 4 , 6 , 8 , 9)

답 _____

(두 자리 수)÷(한 자리 수)⑥
(몇십몇)÷(몇) 가로셈 연습

몫   나머지

1   47÷3 = 15 … 2

```
      1  5
  3 ) 4  7
      3
      1  7
      1  5
         2
```

4   33÷4 =

7   62÷5 =

2   96÷4 =

5   84÷6 =

8   54÷7 =

3   73÷5 =

6   60÷8 =

9   81÷3 =

(두 자리 수)÷(한 자리 수)⑥

| 적어도 얼마나 필요한지 구하는 문제 |

1 상자 하나에 책을 **7**권씩 담을 수 있습니다. 책 **86**권을 상자에 모두 담으려면 상자는 적어도 몇 개 필요할까요?

└─ 7권씩 담고 남은 것도 상자에 담아야 해요.

86÷7=12…2에서 나머지 2권은?

답 _____

2 어항 한 개에 물고기를 **6**마리씩 넣을 수 있습니다. 물고기 **62**마리를 어항에 모두 넣으려면 어항은 적어도 몇 개 필요할까요?

답 _____

3 한 번 운행할 때 **8**명씩 탈 수 있는 놀이기구가 있습니다. 학생 **92**명이 이 놀이기구를 모두 타려면 적어도 몇 번 운행해야 할까요?

답 _____

4 재민이는 **96**쪽짜리 책을 모두 읽으려고 합니다. 하루에 **7**쪽씩 읽는다면 이 책을 다 읽는 데 적어도 며칠이 걸릴까요?

답 _____

5 승우는 쿠키 **75**개를 구워서 봉지에 모두 담으려고 합니다. **8**개씩 담을 수 있는 봉지에 담는다면 봉지는 적어도 몇 개 필요할까요?

답 _____

백 < 백의 자리부터 몫을 구해요.

1

```
      2 0 0
3 ) 6 0 0
    6
          0
```

4

```
4 ) 8 0 0
```

7

```
2 ) 4 0 0
```

백 → 십 → 일

2

```
3 ) 6 3 0
```

5

```
4 ) 8 4 0
```

8

```
2 ) 4 6 0
```

백 → 십 → 일

3

```
3 ) 6 3 9
```

6

```
4 ) 8 4 8
```

9

```
2 ) 4 6 8
```

1 복사 용지 800장을 2달 동안 똑같이 나누어 쓰려면 한 달 동안 몇 장을 써야 할까요?

$800 \div 2 =$

답 _____

2 클립이 100개씩 들어 있는 통이 9개 있습니다. 3모둠이 똑같이 나누어 가지면 한 모둠은 클립을 몇 개 가지게 될까요?

답 _____

3 승객 360명이 유람선 3대에 똑같이 나누어 탔습니다. 유람선 한 대에 탄 승객은 몇 명일까요?

답 _____

4 귤 농장에서 귤을 488개 따서 과일 가게 4군데에 똑같이 나누어 팔았습니다. 가게 한 군데에 판 귤은 몇 개일까요?

답 _____

5 지민이네 학교와 은수네 학교 학생을 모두 합하면 684명입니다. 두 학교의 학생 수가 같다면 지민이네 학교 학생은 몇 명일까요?

답 _____

백 → 십 → 일

1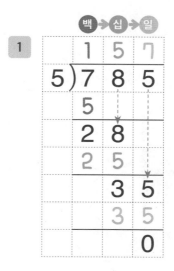

4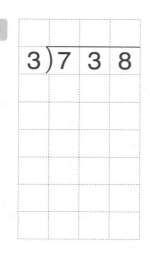

7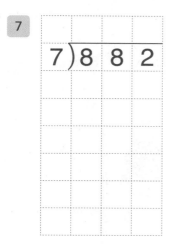

2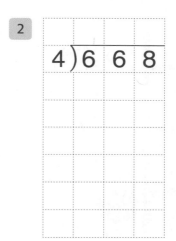

5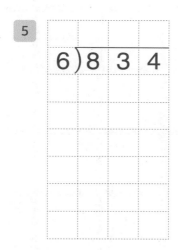

8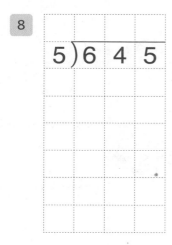

3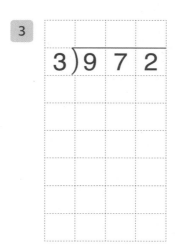

6

9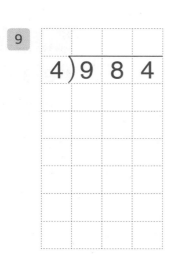

가로세로 수 퍼즐을 완성하세요.

가로 열쇠

❶ 973÷7

❷ 873÷3

❸ 592÷4

❹ 615÷5

❺ 876÷6

세로 열쇠

❶ 635÷5

❷ 774÷3

❸ 992÷8

❹ 964÷4

❺ 858÷6

(세 자리 수)÷(한 자리 수)③

묶의 일 또는 십의 자리에 0이 있는 경우

연산 up

2÷3을 할 수 없으므로 0을
쓰고 일의 자리 몫을 구해요.

1
```
      2 0 8
  3 ) 6 2 4
      6
        2 4
        2 4 0
          0
```

나머지 계산을 완성해 보세요.

2
```
      1
  5 ) 5 2 0
      5
        2
```

3
```
  3 ) 9 0 6
```

4
```
  4 ) 8 3 6
```

5
```
  6 ) 8 4 0
```

6
```
  7 ) 9 1 0
```

7
```
  4 ) 9 2 0
```

8
```
  8 ) 9 6 0
```

9
```
  4 ) 8 1 6
```

10
```
  2 ) 6 1 4
```

11
```
  5 ) 6 5 0
```

12
```
  7 ) 8 4 0
```

은아네 농장에서 수확한 채소들입니다. 문제를 해결하세요.

피망
412개

배추
420포기

당근
500개

토마토
642개

---

1 피망 (412개)를 상자 (4개)에 (똑같이 나누어) 담으려고 합니다. 상자 한 개에 피망을 몇 개씩 담아야 할까요?

식

답 _____

---

2 배추 420포기를 한 망에 3포기씩 담아서 트럭에 실었습니다. 트럭에 실은 배추는 모두 몇 망일까요?

식

답 _____

---

3 토마토 642개를 시장에 있는 가게 6군데에 똑같이 나누어 배달하려고 합니다. 가게 한 군데에 배달해야 하는 토마토는 몇 개일까요?

식

답 _____

---

4 당근 500개를 손수레 4개에 똑같이 나누어 실어 나르려고 합니다. 손수레 한 개에 당근을 몇 개씩 실으면 될까요?

식

답 _____

3÷5를 할 수 없으므로
십의 자리부터 몫을 구해요.

1

```
      7 5
5 ) 3 7 5
    3 5
      2 5
      2 5
        0
```

2

```
4 ) 2 7 2
```

3

```
7 ) 1 8 2
```

4

```
6 ) 5 8 8
```

5

```
8 ) 7 6 0
```

6

```
3 ) 2 8 5
```

7

```
6 ) 4 5 6
```

8

```
5 ) 4 8 0
```

9

```
8 ) 3 6 8
```

10

```
7 ) 6 7 9
```

11

```
4 ) 3 4 8
```

12

```
9 ) 7 8 3
```

응용 UP (세 자리 수)÷(한 자리 수)④

잘못 계산한 부분을 찾아 바르게 고치세요.

1
```
    9
5)70   →  5)70
  4 5
  2 5
```

주의 — 나머지는 항상 나누는 수보다 작아야 해요.

2
```
  2 1
3)7 4   →  3)7 4
  6
    4
    3
    1
```

3
```
  1 6
4)6 9   →  4)6 9
  4
  2 9
  2 4
    5
```

4
```
  6 2 0
7)4 3 4   →  7)4 3 4
  4 2
    1 4
    1 4
      0
```

5
```
  2 6
3)6 1 8   →  3)6 1 8
  6
    1 8
    1 8
      0
```

6
```
  1 1 3
7)8 9 6   →  7)8 9 6
  7
    9
    7
    2 6
    2 1
      5
```

1

```
        7 6 ← 몫
  6 ) 4 5 8
    4 2
      3 8
      3 6
          2 ← 나머지
```

4

```
  7 ) 5 6 9
```

7

```
  6 ) 6 4 5
```

2

```
  4 ) 8 3 7
```

5

```
  4 ) 2 8 3
```

8

```
  5 ) 4 1 3
```

3

```
  5 ) 9 6 7
```

6

```
  3 ) 8 0 5
```

9

```
  6 ) 7 0 0
```

1 지수네 과수원에서 포도를 **723**송이 땄습니다. 한 상자에 **6**송이씩 포장하고 남은 포도는 집에 가져와서 먹었습니다. 먹은 포도는 몇 송이인가요?

723 ÷ 6 =

답 _____

2 민영이는 다이빙 연습을 **256**일 동안 했습니다. 민영이가 다이빙 연습을 한 날은 몇 주일 며칠인가요?

답 _____

3 한 통에 **12**자루씩 들어 있는 연필을 **9**통 샀습니다. 이 연필을 한 사람에게 **8**자루씩 나누어 주면 몇 명까지 줄 수 있고, 이때 남는 연필은 몇 자루인지 차례로 구하세요.

답 _____ , _____

4 지호는 색종이로 꽃 한 송이를 접는 데 **4**분이 걸립니다. **2**시간 **35**분 동안에 지호는 꽃을 몇 송이까지 접을 수 있을까요?

2시간 35분을 어떻게 고쳐야 할까?

답 _____

5 동화책을 민규가 하루에 **9**쪽씩 **17**일 동안 읽었더니 모두 읽었습니다. 이 책을 동생이 하루에 **6**쪽씩 읽으면 모두 읽는 데 적어도 며칠이 걸릴까요?

답 _____

몫 나머지

1 $967÷5=193 \cdots 2$

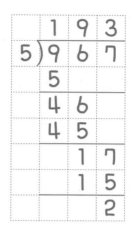

```
      1 9 3
  5 ) 9 6 7
      5
      4 6
      4 5
        1 7
        1 5
          2
```

2 $396÷4=$

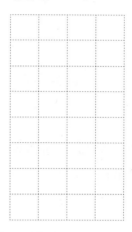

3 $814÷4=$

4 $475÷3=$

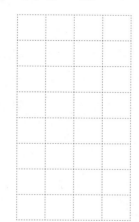

5 $765÷7=$

6 $874÷6=$

7 $752÷5=$

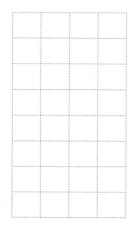

8 $730÷5=$

9 $392÷9=$

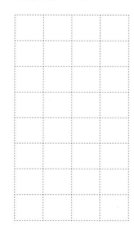

| 도로에 심는 나무 수 구하는 문제 |

1 길이가 40 m인 길의 한쪽에 처음부터 끝까지 국화를 심으려고 합니다. 8 m 간격으로 국화를 심는다면 국화는 모두 몇 송이 필요할까요?

길의 처음에도 심어야 해.

8 m ↔ 8 m ↔ 8 m ↔ 8 m ↔ 8 m
40 m

8 m 간격 수는?
국화 수를 간격 수와 비교하면?

답 _____

3 길이가 742 m인 도로의 양쪽에 처음부터 끝까지 가로등을 세우려고 합니다. 7 m 간격으로 가로등을 세운다면 가로등은 모두 몇 개 필요할까요?

답 _____

2 길이가 204 m인 도로의 한쪽에 처음부터 끝까지 가로수를 심으려고 합니다. 6 m 간격으로 가로수를 심는다면 가로수는 모두 몇 그루 필요할까요?

답 _____

4 둘레가 584 m인 원 모양의 호수가 있습니다. 이 호수의 둘레에 8 m 간격으로 의자를 놓는다면 의자는 모두 몇 개 필요할까요?

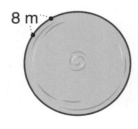
8 m

원은 처음과 끝이 연결되어 있어.

답 _____

1
```
        1 1
    6 ) 7 0
        6
        1 0
          6
          4
```
확인 6 × 11 = 66
     66 + 4 = 70

4
```
    4 ) 8 2 7
```
확인

7
```
    3 ) 7 8 0
```
확인

2
```
    6 ) 7 5
```
확인

5
```
    8 ) 7 5 4
```
확인

8
```
    5 ) 5 4 0
```
확인

3
```
    7 ) 8 6
```
확인

6
```
    5 ) 5 2 3
```
확인

9
```
    7 ) 5 9 2
```
확인

1 160쪽짜리 동화책과 92쪽짜리 과학책이 있습니다. 하루에 8쪽씩 읽는다면 동화책과 과학책을 모두 읽는 데 며칠이 걸릴까요?

답 _____

2 사과가 한 상자에 17개씩 들어 있습니다. 8상자에 들어 있는 사과를 한 봉지에 9개씩 나누어 담으면 몇 봉지까지 담고 몇 개가 남는지 차례로 구하세요.

답 _____ , _____

3 7로 나누어도 나누어떨어지고 8로 나누어도 나누어떨어지는 수 중에서 가장 작은 세 자리 수를 구하세요.

답 _____

4 직사각형 모양의 색 도화지의 긴 변을 8 cm씩 자르고, 짧은 변을 5 cm씩 잘라서 작은 직사각형 모양의 카드를 만들려고 합니다. 카드를 몇 장까지 만들 수 있을까요?

120 cm
75 cm

답 _____

1 $47 \div 3 =$

확인

2 $64 \div 4 =$

확인

3 $68 \div 6 =$

확인

4 $326 \div 7 =$

확인

5 $752 \div 5 =$

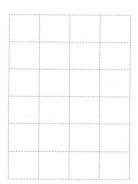

확인

6 $416 \div 8 =$

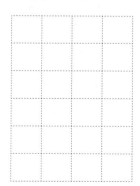

확인

7 $327 \div 6 =$

확인

8 $860 \div 8 =$

확인

9 $827 \div 4 =$

확인

다음 수 카드를 한 번씩만 사용하여 (몇십몇)÷(몇)을 만들려고 합니다. 몫이 가장 크게 되도록 만들고 만든 나눗셈의 몫과 나머지를 구하세요.

1

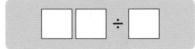

몫이 가장 크려면?

몫: _____ , 나머지: _____

2

몫: _____ , 나머지: _____

 나눗셈의 몫이 가장 크려면 나누어지는 수를 가장 (크게 , 작게),
나누는 수를 가장 (크게 , 작게) 만들어야 해.

다음 수 카드를 한 번씩만 사용하여 (세 자리 수)÷(한 자리 수)를 만들려고 합니다. 몫이 가장 작게 되도록 만들고 만든 나눗셈의 몫과 나머지를 구하세요.

3

몫이 가장 작으려면?

몫: _____ , 나머지: _____

4

몫: _____ , 나머지: _____

 나눗셈의 몫이 가장 작으려면 나누어지는 수를 가장 (크게 , 작게),
나누는 수를 가장 (크게 , 작게) 만들어야 해.

1 $\boxed{205} \div 5 = 41$

8 $\boxed{393} \div 9 = 43 \cdots 6$

2 $\boxed{} \div 6 = 41$

9 $\boxed{} \div 7 = 54 \cdots 3$

3 $\boxed{} \div 5 = 14$

10 $\boxed{} \div 4 = 72 \cdots 2$

4 $\boxed{} \div 7 = 26$

11 $\boxed{} \div 8 = 37 \cdots 4$

5 $\boxed{} \div 8 = 12$

12 $\boxed{} \div 6 = 84 \cdots 5$

6 $\boxed{} \div 9 = 44$

13 $\boxed{} \div 3 = 68 \cdots 2$

7 $\boxed{} \div 4 = 234$

14 $\boxed{} \div 6 = 125 \cdots 3$

1 어떤 수를 **7**로 나누었더니 몫이 **12**이고 나머지가 **2**였습니다. 어떤 수는 얼마인가요?

아하! 먼저 어떤 수를 □로 해서 나눗셈식을 만들어 보자.

답 _____

2 어떤 수를 **6**으로 나누었더니 몫이 **23**이고 나머지가 **4**였습니다. 어떤 수는 얼마인가요?

답 _____

3 어떤 수를 **6**으로 나누어야 하는데 잘못하여 **9**로 나누었더니 몫이 **47**로 나누어떨어졌습니다. 바르게 계산한 몫과 나머지를 차례로 구하세요.

답 _____ , _____

4 어떤 수를 **4**로 나누어야 하는데 잘못하여 **4**를 곱했더니 **868**이 되었습니다. 바르게 계산한 몫과 나머지를 차례로 구하세요.

답 _____ , _____

5 어떤 수를 **8**로 나누었더니 몫이 **35**이고 나머지가 있었습니다. 어떤 수가 될 수 있는 수 중에서 가장 큰 수는 얼마인가요?

답 _____

마무리 확인

1 나눗셈의 몫과 나머지를 구하세요.

(1)

$$7 \overline{)90}$$

몫: _____

나머지: _____

(2)

$$8 \overline{)98}$$

몫: _____

나머지: _____

(3)

$$6 \overline{)79}$$

몫: _____

나머지: _____

(4)

$$4 \overline{)783}$$

몫: _____

나머지: _____

(5)

$$6 \overline{)567}$$

몫: _____

나머지: _____

(6)

$$3 \overline{)925}$$

몫: _____

나머지: _____

2 나눗셈을 하고 계산이 맞는지 확인해 보세요.

(1) $85 \div 5 =$

확인

(2) $62 \div 4 =$

확인

(3) $94 \div 7 =$

확인

(4) $742 \div 5 =$

확인

(5) $802 \div 6 =$

확인

(6) $612 \div 3 =$

확인

3 잘못 계산한 부분을 찾아 바르게 고치세요.

(1)
```
    1 2
6 ) 8 0
    6
    2 0
    1 2
      8
```
→
```
6 ) 8 0
```

(2)
```
    2 6
4 ) 8 2 4
    8
    2 4
    2 4
      0
```
→
```
4 ) 8 2 4
```

4 튤립 54송이를 꽃병 4개에 똑같이 나누어 꽂으려고 합니다. 꽃병 하나에 몇 송이까지 꽂을 수 있는지, 이때 꽃병에 꽂고 남는 튤립은 몇 송이인지 차례로 구하세요.

(   ), (   )

5 민규는 108쪽짜리 책을 모두 읽으려고 합니다. 하루에 8쪽씩 읽는다면 이 책을 다 읽는 데 적어도 며칠이 걸릴까요?

(   )

6 다음 나눗셈은 나누어떨어집니다. □ 안에 알맞은 수를 모두 구하세요.

$$7\square \div 6$$

(   )

7 어떤 수를 8로 나누었더니 몫이 43이고 나머지가 5였습니다. 어떤 수는 얼마인가요?

(   )

03

원

· 학습기록표 ·

학습일차	학습 내용	날짜	맞은 개수	
			연산	응용
DAY 31	**원①** 원의 반지름과 지름 구하기	/	/9	/8
DAY 32	**원②** 원의 지름과 반지름의 관계 이용하여 선분의 길이 구하기	/	/12	/4
DAY 33	**원③** 원을 이용하여 길이 구하기	/	/4	/4
DAY 34	**마무리 확인**	/		/14

책상에 붙여 놓고
매일매일 기록해요.

3. 원

▶ 원의 중심, 반지름, 지름

약속 **원의 중심**

원을 그릴 때에 컴퍼스의 침이 꽂혔던 점
➡ 점 ㅇ

> 한 원에서 원의 중심은 1개입니다.

원의 중심

원의 반지름

원의 중심 ㅇ과 원 위의 한 점을 이은 선분
➡ 선분 ㅇㄱ

> 한 원에서 원의 반지름은 무수히 많이
> 그을 수 있고, 반지름은 모두 같습니다.

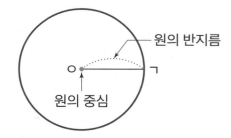

원의 반지름

원의 중심

원의 지름

원 위의 두 점을 이은 선분 중에서 원의 중심
을 지나는 선분 ➡ 선분 ㄱㄴ

> 한 원에서 원의 지름은 무수히 많이 그
> 을 수 있고, 지름은 모두 같습니다.

원의 반지름

원의 지름

원의 성질

▶

성질 ① 원의 중심과 원의 지름

- 원을 반으로 접었을 때 생기는 선분들이 만나는 한 점 ➡ 원의 중심
- 원을 반으로 접은 선분은 원의 중심을 지나므로 원의 지름이 됩니다.

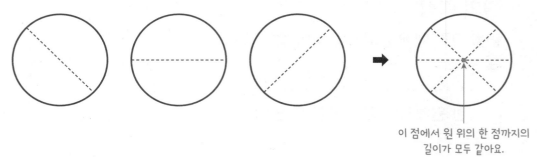

이 점에서 원 위의 한 점까지의
길이가 모두 같아요.

② 원 안의 선분과 원의 지름

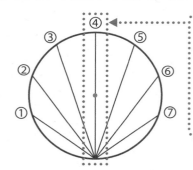

원 안의 선분 중 가장 깁니다.
원의 중심을 지나므로 원의 지름입니다.

▼

지름은 원 안의 선분 중에서 가장 긴 선분입니다.

③ 원의 지름과 반지름의 관계

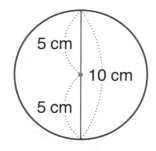

5 cm
10 cm
5 cm

(지름)=(반지름)×2
(반지름)=(지름)÷2

예 (반지름)=5 cm
(지름)=5×2=10(cm)

원 ①
원의 반지름과 지름 구하기

바로 개념

(지름) = (반지름) × ☐ , (반지름) = (지름) ÷ ☐

1

반지름: _____

지름 : _____

4

반지름: _____

지름 : _____

7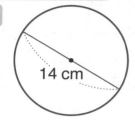

반지름: _____

지름 : _____

2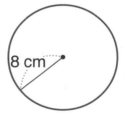

반지름: _____

지름 : _____

5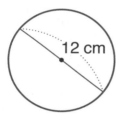

반지름: _____

지름 : _____

8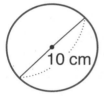

반지름: _____

지름 : _____

3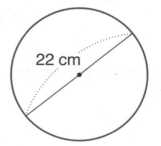

반지름: _____

지름 : _____

6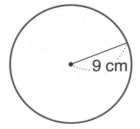

반지름: _____

지름 : _____

9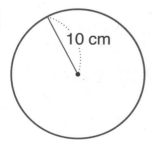

반지름: _____

지름 : _____

설명이 바르면 ○표, 틀리면 ✕표 하고 틀린 부분을 바르게 고치세요.

1 원의 중심과 원 위의 한 점을 이은 선분을 원의 ~~지름~~이라고 합니다.

반지름

✕

5 원 위의 두 점을 이은 선분 중에서 가장 짧은 선분이 지름입니다.

2 원 위의 두 점을 이은 선분이 원의 중심을 지날 때, 이 선분을 원의 지름이라고 합니다.

6 한 원에서 원의 지름은 모두 같습니다.

3 원의 중심에서 원 위의 한 점까지의 거리는 모두 다릅니다.

7 (지름)=(반지름)÷2

4 원의 지름은 원을 둘로 똑같이 나눕니다.

8 한 원에서 원의 반지름과 지름은 10개까지 그을 수 있습니다.

1 4×2 → 8 cm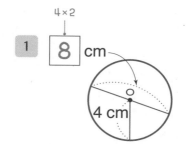

5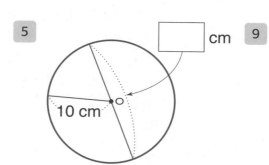

9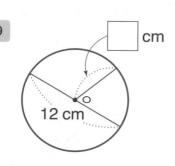

2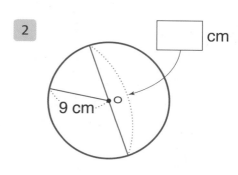

6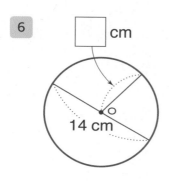

10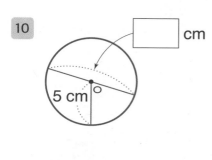

3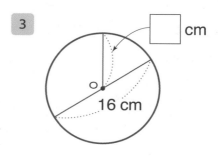

7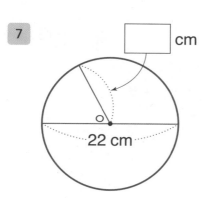

11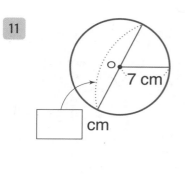

4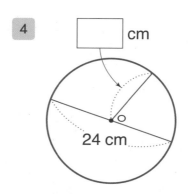

8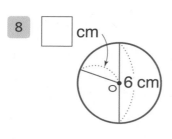

12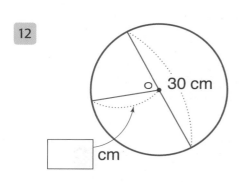

응용 UP 원 ②

---

1 큰 원의 지름은 몇 cm인가요?

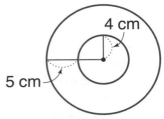

한 원에서 반지름은 모두 같아.

작은 원의 반지름은?

답 _____

---

3 작은 원의 지름은 몇 cm인가요?

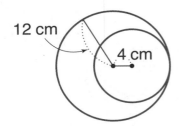

답 _____

---

2 작은 원의 반지름은 몇 cm인가요?

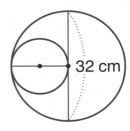

답 _____

---

4 가장 작은 원의 반지름은 몇 cm인가요?

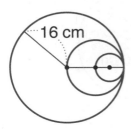

답 _____

| 선분의 길이 구하는 문제 |

선분 ㄱㄴ의 길이를 구하세요.

 1

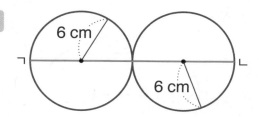

두 원의 크기는 같아요.

선분 ㄱㄴ은 반지름의 몇 배?

답 _____

 2

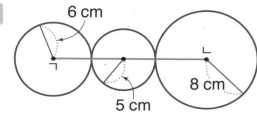

답 _____

3

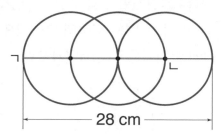

답 _____

4

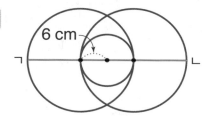

답 _____

| 도형의 길이 구하는 문제 |

1 직사각형 안에 반지름이 **5 cm**인 원 **2개**를 맞닿게 그렸습니다. 선분 ㄱㄴ의 길이를 구하세요.

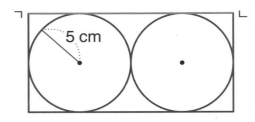

 선분 ㄱㄴ과 원의 반지름은 어떤 관계일까?

답 _____

3 삼각형 ㄱㄴㄷ의 세 변의 길이의 합은 몇 cm인가요?

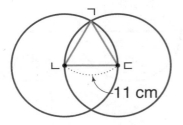

답 _____

2 사각형 ㄱㄴㄷㄹ의 네 변의 길이의 합은 몇 cm인가요?

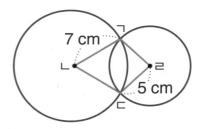

답 _____

4 크기가 같은 원 **3개**를 맞닿게 그렸습니다. 삼각형 ㄱㄴㄷ의 세 변의 길이의 합이 **48 cm**일 때 원의 반지름은 몇 cm인가요?

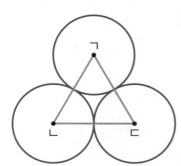

답 _____

1 반지름과 지름의 길이를 구하세요.

(1)  6 cm

반지름: _____

지름 : _____

(2) 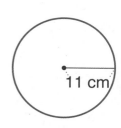 11 cm

반지름: _____

지름 : _____

(3) 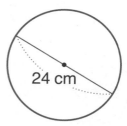 24 cm

반지름: _____

지름 : _____

(4) 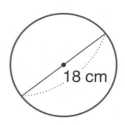 18 cm

반지름: _____

지름 : _____

2 □ 안에 알맞은 수를 쓰세요.

(1) 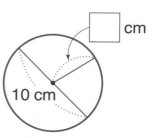 □ cm

10 cm

(2) 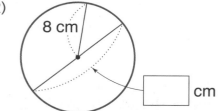 8 cm □ cm

(3) 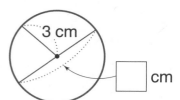 3 cm □ cm

(4) 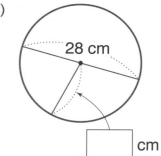 28 cm □ cm

3 선분 ㄱㄴ의 길이를 구하세요.

(1) 24 cm
ㄱ
6 cm

( )

(2) 6 cm
16 cm
ㄱ ㄴ

( )

(3) 7 cm
ㄱ ㄴ

( )

(4) 9 cm
ㄱ ㄴ
3 cm 6 cm

( )

4 도형을 맞닿게 그렸습니다. 주황색으로 그린 도형의 모든 변의 길이의 합을 구하세요.

(1) 8 cm

( )

(2) 5 cm ㄱ 7 cm
ㄴ ㄷ
7 cm

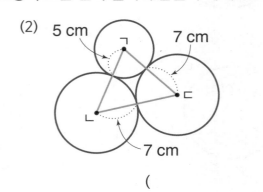

( )

04

분수

· 학습기록표 ·

학습일차	학습 내용	날짜	맞은 개수	
			연산	응용
DAY 35	**분수①** 그림을 보고 분수로 나타내기	/	/8	/3
DAY 36	**분수②** 분수로 나타내기	/	/8	/5
DAY 37	**분수③** 분수만큼은 얼마인지 알기	/	/8	/2
DAY 38	**분수④** 분수만큼은 얼마인지 단위를 써서 나타내기	/	/8	/5
DAY 39	**대분수와 가분수의 관계①** 대분수를 가분수로 나타내기	/	/18	/4
DAY 40	**대분수와 가분수의 관계②** 가분수를 대분수로 나타내기	/	/18	/4
DAY 41	**분수의 크기 비교①** 대분수와 대분수의 크기 비교	/	/14	/4
DAY 42	**분수의 크기 비교②** 대분수와 가분수의 크기 비교	/	/14	/4
DAY 43	**마무리 확인**	/		/19

책상에 붙여 놓고
매일매일 기록해요.

4. 분수

분수로 나타내기

분수 색칠한 부분은 전체의 $\dfrac{(\text{부분 묶음 수})}{(\text{전체 묶음 수})}$

분수만큼은 얼마?

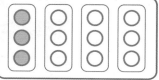

8

$\dfrac{1}{4}$ ← 1묶음
← 4묶음

8의 $\dfrac{1}{4}$ 은 2 (8÷4)

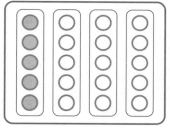

12

$\dfrac{1}{4}$

12의 $\dfrac{1}{4}$ 은 3 (12÷4)

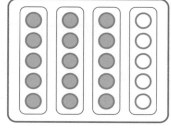

20

$\dfrac{1}{4}$

20의 $\dfrac{1}{4}$ 은 5 (20÷4)

20

$\dfrac{3}{4}$

20의 $\dfrac{3}{4}$ 은 15 (20÷4)×3

주의

나타낸 분수가 같아도 전체 개수가 다르면 색칠한 개수도 달라져요.

아하!

전체의 수를 분모로 나누면 한 묶음 안의 수를 알 수 있어요.

진분수

$\dfrac{1}{5}$, $\dfrac{2}{5}$, $\dfrac{3}{5}$과 같이 **분자가 분모보다 작은 분수**를 **진분수**라고 합니다.

 분모가 9인 진분수의 분자는 1부터 8까지가 되겠지?

 ## 자연수

$\dfrac{5}{5}$는 1과 같습니다. **1, 2, 3과 같은 수를 자연수**라고 합니다.

예 $\dfrac{5}{5}=1$　　$\dfrac{8}{8}=1$

$\dfrac{10}{5}=2$　　$\dfrac{16}{8}=2$

$\dfrac{15}{5}=3$　　$\dfrac{24}{8}=3$

 ## 가분수

$\dfrac{5}{5}$, $\dfrac{6}{5}$, $\dfrac{9}{7}$와 같이 **분자가 분모와 같거나 분모보다 큰 분수**를 **가분수**라고 합니다.

 ## 대분수

$1\dfrac{1}{5}$, $3\dfrac{2}{7}$, $12\dfrac{3}{9}$과 같이 **자연수와 진분수로 이루어진 분수**를 **대분수**라고 합니다.

 바로 개념

1과 $\dfrac{1}{5}$은 $1\dfrac{1}{5}$이라 쓰고 $\boxed{1}$과 $\boxed{5}$분의 $\boxed{1}$이라고 읽어요.

대분수와 가분수의 관계 $2\dfrac{3}{4}$

↓

  $\dfrac{11}{4}$

전체를 다음과 같이 묶을 때 분수로 나타내세요.

1

6을 2씩 묶으면
6÷2 = ③묶음

①묶음

2는 6의 $\dfrac{1}{3}$

③묵음

2는 3묶음 중의 1묶음
⇒ $\dfrac{1}{3}$

2

☐묶음

3은 12의 $\dfrac{\square}{\square}$

☐묶음

3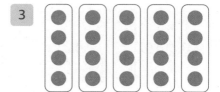

☐묶음

4는 20의 $\dfrac{\square}{\square}$

☐묶음

4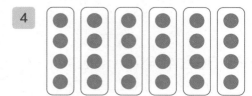

☐묶음

4는 24의 $\dfrac{\square}{\square}$

☐묶음

5

☐묶음

6은 8의 $\dfrac{\square}{\square}$

☐묶음

6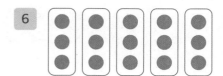

☐묶음

6은 15의 $\dfrac{\square}{\square}$

☐묶음

7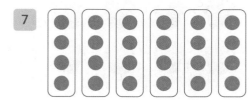

☐묶음

16은 24의 $\dfrac{\square}{\square}$

☐묶음

8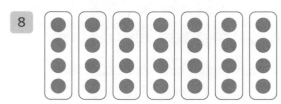

☐묶음

16은 28의 $\dfrac{\square}{\square}$

☐묶음

알맞게 묶어 보고 □ 안에 알맞은 분수를 쓰세요.

몇씩 묶느냐에 따라
전체 묶음 수가 달라져요.

1

· 12를 3씩 묶으면 6은 12의 [　] 입니다.

· 12를 6씩 묶으면 6은 12의 [　] 입니다.

2

· 24를 2씩 묶으면 18은 24의 [　] 입니다.

· 24를 3씩 묶으면 18은 24의 [　] 입니다.

· 24를 6씩 묶으면 18은 24의 [　] 입니다.

3

· 40을 2씩 묶으면 30은 40의 [　] 입니다.

· 40을 5씩 묶으면 30은 40의 [　] 입니다.

· 40을 10씩 묶으면 30은 40의 [　] 입니다.

전체를 다음과 같이 묶을 때 분수로 나타내세요.

1

18÷3

18을 3씩 묶으면 **6** 묶음

6÷3 = 2묶음

6은 18의 $\dfrac{2}{6}$

2

30을 5씩 묶으면 ⬚ 묶음

15는 30의 $\dfrac{\square}{\square}$

3

72를 8씩 묶으면 ⬚ 묶음

40은 72의 $\dfrac{\square}{\square}$

4

56을 7씩 묶으면 ⬚ 묶음

21은 56의 $\dfrac{\square}{\square}$

5

24를 8씩 묶으면 ⬚ 묶음

16은 24의 $\dfrac{\square}{\square}$

6

42를 7씩 묶으면 ⬚ 묶음

28은 42의 $\dfrac{\square}{\square}$

7

36을 9씩 묶으면 ⬚ 묶음

27은 36의 $\dfrac{\square}{\square}$

8

40을 8씩 묶으면 ⬚ 묶음

24는 40의 $\dfrac{\square}{\square}$

분수는 나눗셈으로 해결하자.

36을 6씩 묶으면 36÷6=6(묶음)
12를 6씩 묶으면 12÷6=2(묶음)

1 구슬 36개를 봉지 하나에 6개씩 담으면 구슬 12개는 전체 구슬의 얼마만큼인지 분수로 나타내세요.

답 _____

2 지호네 반 학생 20명을 한 모둠이 4명씩 되도록 나누면 12명은 전체 학생의 얼마만큼인지 분수로 나타내세요.

답 _____

3 사탕 24개 중에서 동생에게 8개, 친구에게 16개를 주었습니다. 사탕을 8개씩 묶으면 동생과 친구에게 준 사탕은 각각 전체 사탕의 얼마만큼인지 차례로 분수로 나타내세요.

답 _____ , _____

4 밤 72개를 주워서 한 봉지에 9개씩 담았습니다. 이중 3봉지는 먹고 나머지는 집으로 가져왔습니다. 가져온 밤은 전체 주운 밤의 얼마만큼인지 분수로 나타내세요.

답 _____

5 색종이를 민지는 32장, 현호는 40장 가지고 있었습니다. 두 사람은 각각 24장씩 사용했습니다. 색종이를 8장씩 묶으면 사용한 24장은 민지와 현호가 각각 처음에 가지고 있던 색종이의 얼마만큼인지 차례로 분수로 나타내세요.

답 _____ , _____

분수만큼은 얼마인지 구하세요.

1 15의 $\dfrac{1}{5}$은 $\boxed{3}$

15÷5

×3

15의 $\dfrac{3}{5}$은 $\boxed{9}$

$\dfrac{3}{5}$은 $\dfrac{1}{5}$이 3개야.

5 20의 $\dfrac{1}{4}$은 $\boxed{}$

20의 $\dfrac{3}{4}$은 $\boxed{}$

2 28의 $\dfrac{1}{7}$은 $\boxed{}$

28의 $\dfrac{4}{7}$는 $\boxed{}$

6 36의 $\dfrac{1}{9}$은 $\boxed{}$

36의 $\dfrac{5}{9}$는 $\boxed{}$

3 45의 $\dfrac{1}{5}$은 $\boxed{}$

45의 $\dfrac{3}{5}$은 $\boxed{}$

7 72의 $\dfrac{1}{8}$은 $\boxed{}$

72의 $\dfrac{7}{8}$은 $\boxed{}$

4 56의 $\dfrac{1}{7}$은 $\boxed{}$

56의 $\dfrac{6}{7}$은 $\boxed{}$

8 54의 $\dfrac{1}{6}$은 $\boxed{}$

54의 $\dfrac{4}{6}$는 $\boxed{}$

응용 UP 분수 ③

□ 안에 알맞은 글자를 쓰고 곤충의 이름을 알아보세요.

12의 $\frac{1}{6}$은 12÷6과 같아.

1

12의 $\frac{1}{6}$ ⇨ ㅍ   12의 $\frac{2}{3}$ ⇨ ㅔ

12의 $\frac{2}{4}$ ⇨ ㄷ   12의 $\frac{5}{6}$ ⇨ ㅇ

12의 $\frac{1}{6}$

| ㅍ | ㅜ | ㅇ | | | ㅇ | | ㅣ |

0 1 2 3 4 5 6 7 8 9 10 11 12

2

18의 $\frac{1}{3}$ ⇨ ㄴ   18의 $\frac{2}{3}$ ⇨ ㅅ

18의 $\frac{1}{6}$ ⇨ ㅏ   18의 $\frac{5}{6}$ ⇨ ㅗ

18의 $\frac{4}{9}$ ⇨ ㅡ   18의 $\frac{5}{9}$ ⇨ ㄹ

18의 $\frac{1}{3}$

| ㅎ | | ㄴ | | | | |

0 1 2 3 4 5 6 7 8 9 10 11 12 13 14 15 16 17 18

분수만큼은 얼마인지 구하세요.

1 사탕 **35개**의 $\dfrac{2}{7}$는 [10] 개
$35 \div 7$

사탕 **35개**의 $\dfrac{2}{5}$는 [14] 개
$35 \div 5$

5 36 m의 $\dfrac{2}{9}$는 [   ] m

36 m의 $\dfrac{6}{9}$은 [   ] m

2 연필 **24자루**의 $\dfrac{3}{8}$은 [   ] 자루

연필 **24자루**의 $\dfrac{5}{6}$는 [   ] 자루

6 100 cm
1 m의 $\dfrac{2}{5}$는 [   ] cm

1 m의 $\dfrac{3}{4}$은 [   ] cm

3 책 **72권**의 $\dfrac{4}{6}$는 [   ] 권

책 **72권**의 $\dfrac{7}{8}$은 [   ] 권

7 24시간
하루의 $\dfrac{5}{8}$는 [   ] 시간

하루의 $\dfrac{2}{3}$는 [   ] 시간

4 꽃 **60송이**의 $\dfrac{2}{5}$는 [   ] 송이

꽃 **60송이**의 $\dfrac{5}{6}$는 [   ] 송이

8 60분
1시간의 $\dfrac{1}{3}$은 [   ] 분

1시간의 $\dfrac{4}{5}$는 [   ] 분

1 연필 56자루의 $\frac{4}{7}$는 진규의 것입니다. 진규의 연필은 몇 자루인가요?

56의 $\frac{1}{7}$은 56÷7로 구할 수 있어요.

답 _____

2 은호는 하루 24시간 중의 $\frac{3}{8}$만큼 잠을 잡니다. 은호가 하루에 잠을 자는 시간은 몇 시간인가요?

답 _____

3 딸기 72개를 사 왔습니다. 그중 $\frac{6}{9}$을 손님에게 대접했습니다. 손님에게 대접하고 남은 딸기는 몇 개인가요?

답 _____

4 진수는 빨간색 끈을 1 m의 $\frac{3}{5}$만큼 사용했고, 파란색 끈을 77 cm의 $\frac{5}{7}$만큼 사용했습니다. 어떤 색깔의 끈을 더 많이 사용했나요?

답 _____

5 용주는 1시간의 $\frac{3}{4}$만큼 국어 숙제를 하고, 1시간의 $\frac{4}{6}$만큼 수학 숙제를 했습니다. 용주가 숙제를 하는 데 걸린 시간은 모두 몇 분인지 구하세요.

답 _____

대분수를 가분수로 나타내세요.

1 $2\dfrac{3}{4} = \dfrac{11}{4}$

$\dfrac{1}{4}$ 이 4×2 + 3

2 $3\dfrac{2}{5} =$

3 $4\dfrac{1}{3} =$

4 $5\dfrac{5}{8} =$

5 $7\dfrac{2}{4} =$

6 $4\dfrac{7}{9} =$

7 $2\dfrac{4}{6} =$

8 $5\dfrac{3}{5} =$

9 $3\dfrac{4}{9} =$

10 $6\dfrac{3}{7} =$

11 $9\dfrac{4}{5} =$

12 $7\dfrac{5}{8} =$

13 $1\dfrac{5}{13} =$

14 $2\dfrac{4}{15} =$

15 $7\dfrac{6}{10} =$

16 $8\dfrac{5}{12} =$

17 $5\dfrac{4}{11} =$

18 $6\dfrac{5}{14} =$

수직선에서 동물들이 가리키는 수를 대분수로 나타내고 가분수로 고치세요.

1

```
0        1        2
```

1을 똑같이 몇으로 나누었는지부터 살펴보자.

1에서 $\frac{4}{6}$만큼 더 간 수를 대분수로 나타내면?

대분수: _____ , 가분수: _____

3

```
0        1        2        3
```

대분수: _____ , 가분수: _____

2

```
0        1        2
```

대분수: _____ , 가분수: _____

4

```
0        1        2        3        4
```

대분수: _____ , 가분수: _____

가분수를 대분수로 나타내세요.

1 $\dfrac{12}{5} = 2\dfrac{2}{5}$

$\dfrac{1}{5}$이 12개

$12 \div 5 = 2 \cdots 2$

$\dfrac{1}{5}$이 2개

2    $\dfrac{2}{5}$

2 $\dfrac{23}{4} =$

3 $\dfrac{17}{6} =$

4 $\dfrac{29}{8} =$

5 $\dfrac{38}{7} =$

6 $\dfrac{90}{5} =$

7 $\dfrac{52}{8} =$

8 $\dfrac{50}{6} =$

9 $\dfrac{68}{9} =$

10 $\dfrac{47}{3} =$

11 $\dfrac{31}{9} =$

12 $\dfrac{74}{4} =$

13 $\dfrac{98}{7} =$

14 $\dfrac{63}{5} =$

15 $\dfrac{83}{7} =$

16 $\dfrac{63}{10} =$

17 $\dfrac{105}{8} =$

18 $\dfrac{147}{9} =$

3장의 수 카드 중 2장을 골라 가분수를 만들려고 합니다. 만들 수 있는 가분수를 모두 구하고 대분수로 나타내세요.

1

가분수는 분자가 분모와 같거나 분모보다 큰 분수예요.

가분수 ⇨ 대분수

$\dfrac{5}{2}$ ⇨ $2\dfrac{1}{2}$

◻ ⇨ ◻

◻ ⇨ ◻

2 3 7 8

가분수 ⇨ 대분수

3장의 수 카드를 모두 한 번씩만 사용하여 대분수를 만들려고 합니다. 만들 수 있는 대분수를 모두 구하고 가분수로 나타내세요.

3

대분수는 자연수와 진분수의 합으로 이루어진 분수예요.

대분수 ⇨ 가분수

4

대분수 ⇨ 가분수

분수의 크기 비교 ①
대분수와 대분수의 크기 비교

두 수의 크기를 비교하여 >, <를 알맞게 쓰세요.

1 $7\dfrac{2}{4}$ $>$ $5\dfrac{3}{4}$

자연수 부분이 클수록 커요.

8 $7\dfrac{2}{5}$ $<$ $7\dfrac{4}{5}$

자연수 부분이 같으면
분수 부분이 클수록 커요.

2 $6\dfrac{2}{6}$ ◯ $4\dfrac{3}{6}$

9 $4\dfrac{3}{7}$ ◯ $4\dfrac{5}{7}$

3 $4\dfrac{3}{8}$ ◯ $5\dfrac{1}{8}$

10 $5\dfrac{4}{10}$ ◯ $5\dfrac{7}{10}$

4 $7\dfrac{2}{7}$ ◯ $3\dfrac{6}{7}$

11 $9\dfrac{6}{9}$ ◯ $9\dfrac{4}{9}$

5 $8\dfrac{4}{9}$ ◯ $11\dfrac{2}{9}$

12 $10\dfrac{1}{7}$ ◯ $10\dfrac{1}{9}$

단위분수의 크기는 분모가 클수록 작아요.

6 $9\dfrac{8}{12}$ ◯ $10\dfrac{1}{12}$

13 $12\dfrac{1}{15}$ ◯ $12\dfrac{1}{8}$

7 $12\dfrac{2}{13}$ ◯ $9\dfrac{11}{13}$

14 $15\dfrac{1}{4}$ ◯ $15\dfrac{1}{7}$

1 빨간색 테이프의 길이는 $1\frac{4}{5}$ m 이고 초록색 테이프의 길이는 $1\frac{2}{5}$ m 입니다. 두 테이프 중에서 길이가 더 긴 것은 어느 것인가요?

$1\frac{4}{5}$ m와 $1\frac{2}{5}$ m를 비교해 보자.

답 _____

2 오이 한 상자는 $\frac{16}{7}$ kg, 토마토 한 상자는 $\frac{18}{7}$ kg입니다. 한 상자의 무게가 더 무거운 것은 어느 것인가요?

답 _____

3 오늘 텔레비전을 영규는 $1\frac{3}{8}$ 시간, 승우는 $2\frac{1}{8}$ 시간, 진하는 $1\frac{7}{8}$ 시간 동안 보았습니다. 텔레비전을 본 시간이 긴 순서대로 이름을 쓰세요.

답 _____

4 수 카드 2, 4, 7 을 한 번씩만 사용하여 대분수를 만들었습니다. 지호가 만든 대분수를 구하세요.

난 $4\frac{2}{7}$ 를 만들었어.

난 너보다 더 큰 수를 만들 거야.

민아

지호

답 _____

두 수의 크기를 비교하여 >, =, <를 알맞게 쓰세요.

① 대분수를 가분수로 고치거나
② 가분수를 대분수로 고쳐서 비교하자.

1 $7\frac{2}{4}$ ◯ $\frac{23}{4}$

2 $5\frac{2}{6}$ ◯ $\frac{35}{6}$

3 $5\frac{2}{5}$ ◯ $\frac{26}{5}$

4 $8\frac{2}{9}$ ◯ $\frac{74}{9}$

5 $6\frac{5}{7}$ ◯ $\frac{50}{7}$

6 $7\frac{5}{8}$ ◯ $\frac{63}{8}$

7 $12\frac{5}{9}$ ◯ $\frac{113}{9}$

8 $\frac{27}{5}$ ◯ $4\frac{3}{5}$

9 $\frac{65}{8}$ ◯ $8\frac{3}{8}$

10 $\frac{51}{7}$ ◯ $7\frac{2}{7}$

11 $\frac{54}{11}$ ◯ 5

12 $\frac{63}{10}$ ◯ $6\frac{3}{10}$

13 $\frac{92}{8}$ ◯ $12\frac{1}{8}$

14 $\frac{118}{9}$ ◯ 13

1　□ 안에 들어갈 수 있는 자연수를 모두 구하
세요.

$$\frac{\square}{4} < 1\frac{1}{4}$$

  대분수를 가분수로 고쳐 보자.

답 _____

3　□ 안에 들어갈 수 있는 자연수를 모두 구하
세요.

$$\frac{39}{7} > \square\frac{5}{7}$$

답 _____

2　1부터 9까지의 자연수 중에서 □ 안에 들어
갈 수 있는 수를 모두 구하세요.

$$1\frac{1}{5} < \frac{\square}{5}$$

답 _____

4　□ 안에 들어갈 수 있는 자연수는 모두 몇 개
인가요?

$$1\frac{3}{8} < \frac{\square}{8} < 2\frac{2}{8}$$

답 _____

1 전체를 다음과 같이 묶을 때 분수로 나타내세요.

(1) **21**을 **3**씩 묶으면

9는 21의 $\dfrac{\Box}{\Box}$ 이고,

15는 21의 $\dfrac{\Box}{\Box}$ 입니다.

(2) **36**을 **4**씩 묶으면

16은 36의 $\dfrac{\Box}{\Box}$ 이고,

24는 36의 $\dfrac{\Box}{\Box}$ 입니다.

2 분수만큼은 얼마인지 구하세요.

(1) 24의 $\dfrac{5}{8}$ 는 $\Box$ 입니다.

(2) 90의 $\dfrac{2}{6}$ 는 $\Box$ 입니다.

(3) 45의 $\dfrac{4}{5}$ 는 $\Box$ 입니다.

(4) 42의 $\dfrac{4}{7}$ 는 $\Box$ 입니다.

(5) 72의 $\dfrac{6}{9}$ 은 $\Box$ 입니다.

(6) 88의 $\dfrac{3}{4}$ 은 $\Box$ 입니다.

3 대분수는 가분수로, 가분수는 대분수로 나타내세요.

(1) $2\dfrac{4}{9} =$

(2) $3\dfrac{7}{8} =$

(3) $4\dfrac{5}{12} =$

(4) $\dfrac{51}{9} =$

(5) $\dfrac{67}{6} =$

(6) $\dfrac{107}{7} =$

마무리 확인

4 진호는 색종이 48장을 8장씩 묶은 다음 32장을 종이비행기를 접는 데 썼습니다. 종이비행기를 접는 데 사용한 색종이는 전체 색종이의 얼마만큼인지 분수로 나타내세요.

(   )

5 민규는 놀이 카드 35장을 가지고 있었습니다. 그중 $\frac{5}{7}$는 친구들에게 나누어 주고 나머지는 동생에게 주었습니다. 동생에게 준 카드는 전체의 얼마만큼인지 분수로 나타내고 몇 장인지 구하세요.

(   ), (   )

6 수 카드 3장을 모두 한 번씩만 사용하여 분모가 9인 가장 큰 대분수를 만들었습니다. 만든 대분수를 가분수로 나타내세요.

2   5   9   (   )

7 지우네 집에서 가장 먼 곳은 어디인가요?

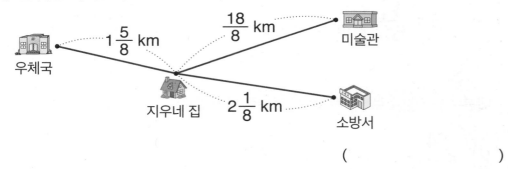

(   )

8 □ 안에 들어갈 수 있는 자연수는 모두 몇 개인가요?

$$2\frac{3}{5} < \frac{\square}{5} < 3\frac{4}{5}$$

(   )

05

들이와 무게

· 학습기록표 ·

학습일차	학습 내용	날짜	맞은 개수	
			연산	응용
DAY 44	**들이①** 들이의 단위-L, mL	/	/14	/5
DAY 45	**들이②** 들이의 덧셈과 뺄셈	/	/10	/5
DAY 46	**들이③** 들이의 덧셈과 뺄셈	/	/10	/4
DAY 47	**무게①** 무게의 단위-kg, g, t	/	/14	/5
DAY 48	**무게②** 무게의 덧셈과 뺄셈	/	/10	/5
DAY 49	**무게③** 무게의 덧셈과 뺄셈	/	/10	/4
DAY 50	**마무리 확인**	/		/17

책상에 붙여 놓고
매일매일 기록해요.

▶ 들이의 덧셈과 뺄셈

덧셈 ▶ mL끼리의 합이 1000이거나 1000보다 크면 1000 mL를 1 L로 받아올림합니다.

L	mL
1	
5 L	700 mL
+ 2 L	800 mL
	500 mL

L	mL
1	
5 L	700 mL
+ 2 L	800 mL
8 L	500 mL

❶ mL끼리 계산하기

└ 1000 mL는 L로 받아올림해요.

$$700 + 800 = \underline{1}500$$

└ 500은 mL에 써요.

❷ L끼리 계산하기

└ 받아올림한 수도 빠트리지 않고 더해요.

$$\underline{1} + 5 + 2 = \underline{8}$$

└ 8은 L에 써요.

뺄셈 ▶ mL끼리 뺄 수 없으면 1 L를 1000 mL로 받아내림하여 계산합니다.

L	mL
5	1000
̶6̶ L	500 mL
− 3 L	700 mL
	800 mL

L	mL
5	1000
̶6̶ L	500 mL
− 3 L	700 mL
2 L	800 mL

❶ mL끼리 계산하기

└ 1 L를 1000 mL로 바꾸어 받아내림해요.

$$\overline{1000} + 500 - 700 = \underline{800}$$

└ 800은 mL에 써요.

❷ L끼리 계산하기

└ 받아내림한 수 1을 빼야 해요.

$$6 - \overline{1} - 3 = \underline{2}$$

└ 2는 L에 써요.

덧셈 g끼리의 합이 1000이거나 1000보다 크면 1000 g을 1 kg으로 받아올림합니다.

kg	g
1	
4 kg	600 g
+ 3 kg	700 g
	300 g

kg	g
1	
4 kg	600 g
+ 3 kg	700 g
8 kg	300 g

❶ g끼리 계산하기

$$600 + 700 = \underline{1300}$$

300은 g에 써요.

1000g은 kg으로 받아올림해요.

❷ kg끼리 계산하기

받아올림한 수도 빠트리지 않고 더해요.

$$\overset{\downarrow}{1} + 4 + 3 = \underline{8}$$

8은 kg에 써요.

뺄셈 g끼리 뺄 수 없으면 1 kg을 1000 g으로 받아내림하여 계산합니다.

kg	g
8	1000
~~9~~ kg	400 g
− 2 kg	600 g
	800 g

kg	g
8	1000
~~9~~ kg	400 g
− 2 kg	600 g
6 kg	800 g

❶ g끼리 계산하기

1 kg을 1000 g으로 바꾸어 받아내림해요.

$$\overset{\downarrow}{1000} + 400 - 600 = \underline{800}$$

800은 g에 써요.

❷ kg끼리 계산하기

받아내림한 수 1을 빼야 해요.

$$9 - 1 - 2 = \underline{6}$$

6은 kg에 써요.

1   1 L 200 mL = $\boxed{1200}$ mL

1000 mL

8   3500 mL = $\boxed{3}$ L $\boxed{500}$ mL

2   3 L 460 mL = $\boxed{}$ mL

9   4320 mL = $\boxed{}$ L $\boxed{}$ mL

3   9 L 745 mL = $\boxed{}$ mL

10   3040 mL = $\boxed{}$ L $\boxed{}$ mL

4   8 L 708 mL = $\boxed{}$ mL

11   9060 mL = $\boxed{}$ L $\boxed{}$ mL

5   6 L 90 mL = $\boxed{}$ mL

12   2070 mL = $\boxed{}$ L $\boxed{}$ mL

6   5 L 862 mL = $\boxed{}$ mL

13   3006 mL = $\boxed{}$ L $\boxed{}$ mL

7   7 L 6 mL = $\boxed{}$ mL

14   7300 mL = $\boxed{}$ L $\boxed{}$ mL

1 ㉮ 물통의 들이는 ⟨2 L 150 mL⟩이고, ㉯ 물통의 들이는 ⟨2 L 15 mL⟩, ㉰ 물통의 들이는 ⟨2150 mL⟩입니다. 이 중 들이가 다른 물통은 어느 것인가요?

> 들이의 단위를 모두 같게 나타내어 보자.

2150 mL = ☐ L ☐ mL

답 _____

2 참기름 1 L가 들어 있는 병에 참기름 225 mL를 더 넣었습니다. 병에 들어 있는 참기름은 모두 몇 mL일까요?

답 _____

3 물 2340 mL가 들어 있는 통에 물 1 L를 더 부었습니다. 통에 들어 있는 물은 모두 몇 L 몇 mL일까요?

답 _____

4 920 mL짜리 오렌지 주스 1병과 1 L짜리 포도 주스 1병을 샀습니다. 두 주스의 양을 합하면 몇 mL일까요?

답 _____

5 일주일 동안 우유를 지우는 1850 mL만큼 마셨고, 지선이는 1 L 85 mL만큼 마셨습니다. 일주일 동안 우유를 더 많이 마신 사람은 누구인가요?

답 _____

1

1000 mL를 1 L로!

	L		mL
	7 L	800	mL
+	5 L	400	mL
	13 L	1 200	mL

1000 mL를 1 L로!

6

1 L를 1000 mL로!

	7		1000
	8 L	200	mL
−	5 L	500	mL
	2 L	700	mL

1000 + 200 − 500

2

	L		mL
	8 L	200	mL
+	3 L	900	mL
	L		mL

7

	L		mL
	9 L	400	mL
−	3 L	700	mL
	L		mL

3

	L		mL
	6 L	650	mL
+	7 L	470	mL
	L		mL

8

	L		mL
	10 L	900	mL
−	4 L	570	mL
	L		mL

4

	L		mL
	12 L	570	mL
+	9 L	840	mL
	L		mL

9

	L		mL
	27 L	320	mL
−	5 L	460	mL
	L		mL

5

	L		mL
	27 L	460	mL
+	16 L	780	mL
	L		mL

10

	L		mL
	8 L		mL
−	4 L	320	mL
	L		mL

1 어느 제과점에서 빵을 만드는 데 우유를 사용했습니다. 오전에 ⟨3 L 320 mL⟩, 오후에 ⟨4 L 640 mL⟩ 사용했다면 이날 사용한 우유는 ⟨모두⟩ 몇 L 몇 mL인가요?

L는 L끼리, mL는 mL끼리 계산하자.

```
    3 L   320 mL
+   4 L   640 mL
────────────────
```

답 _____

2 주전자에 물이 3 L 360 mL 들어 있었습니다. 이 중에서 1 L 670 mL를 얼음을 만드는 데 썼습니다. 주전자에 남아 있는 물은 몇 L 몇 mL인가요?

답 _____

3 들이가 640 mL인 컵에 물을 가득 채워 물병에 3번 부었더니 물병이 가득 찼습니다. 이 물병의 들이는 몇 L 몇 mL인가요?

답 _____

4 우유 2 L 중에서 규민이는 520 mL를 마셨고, 은정이는 470 mL를 마셨습니다. 남은 우유는 몇 L 몇 mL인가요?

답 _____

5 감귤주스 1병은 값이 1000원이고, 750 mL 들어 있습니다. 2000원으로 이 감귤주스를 산다면 모두 몇 L 몇 mL를 살 수 있나요?

답 _____

1

	L		mL
	8 L	600 mL
+	7 L	500 mL

2

	L		mL
	9 L	540 mL
+	3 L	730 mL

3

	L		mL
	5 L	432 mL
+	8 L	765 mL

4

	L		mL
	14 L	468 mL
+	7 L	940 mL

5

	L		mL
	32 L	850 mL
+	27 L	680 mL

6

	L		mL
	5 L	420 mL
−	2 L	650 mL

7

	L		mL
	8 L	230 mL
−	5 L	540 mL

8

	L		mL
	14 L	20 mL
−	9 L	470 mL

9

	L		mL
	32 L	260 mL
−	8 L	480 mL

10

	L		mL
	12 L	
−	8 L	240 mL

| 그릇에 물을 담는 방법을 알아보는 문제 |

㉮ 그릇의 들이는 2 L 300 mL이고 ㉯ 그릇의 들이는 5 L 700 mL입니다. 두 그릇을 사용하여 수조에 물을 담는 방법을 알아보고 들이의 덧셈과 뺄셈식으로 나타내어 보세요.

1 [물 8 L를 담는 방법]

2 L 300 mL 5 L 700 mL

8 L

㉮, ㉯ 그릇에 각각 물을 가득 담아 수조에 붓습니다.
⇨ 2L 300mL + 5L 700mL
   = 8L

식 2L 300mL + 5L 700mL = 8L

2 [물 3 L 400 mL를 담는 방법]

식 _____

㉮ 그릇의 들이는 300 mL이고 ㉯ 그릇의 들이는 800 mL입니다. 두 그릇을 사용하여 물통에 물을 담는 방법을 알아보고 들이의 덧셈과 뺄셈식으로 나타내어 보세요.

3 [물 1 L를 담는 방법]

식 _____

4 [물 200 mL를 담는 방법]

식 _____

1 **1 kg** 500 g = ☐1500☐ g
1000 g

8 4700 g = ☐4☐ kg ☐700☐ g
kg

2 7 kg 206 g = ☐ g

9 4020 g = ☐ kg ☐ g

3 8 kg 30 g = ☐ g

10 5703 g = ☐ kg ☐ g

4 5 kg 78 g = ☐ g

11 8004 g = ☐ kg ☐ g

5 3 kg 408 g = ☐ g

12 9078 g = ☐ kg ☐ g

6 **4 t** = ☐ kg
1 t = 1000 kg

13 2050 g = ☐ kg ☐ g

7 9 t = ☐ kg

14 4108 g = ☐ kg ☐ g

작은 눈금 한 칸은 얼마를 나타낼까?

작은 눈금 10칸=1 kg

---

1 배 **3**개의 무게는 몇 kg 몇 g인지 알아보세요.

답 _____

---

2 밤을 진규는 **3450 g** 주웠고 민지는 **2 kg 780 g** 주웠습니다. 밤을 더 많이 주운 사람은 누구인가요?

답 _____

---

3 재민이가 고른 수박의 무게는 **7 kg 90 g**이고 지호가 고른 수박의 무게는 **7650 g**이었습니다. 더 무거운 수박을 고른 사람은 누구인가요?

답 _____

---

4 어느 코끼리의 무게는 **6000 kg**입니다. 이 코끼리의 무게를 t으로 나타내어 보세요.

답 _____

---

5 짐을 ㉮ 트럭은 **2500 kg**까지 실을 수 있고 ㉯ 트럭은 **3 t**까지 실을 수 있습니다. 짐을 더 많이 실을 수 있는 트럭은 어느 것인가요?

답 _____

1

1000 g을 1 kg으로!

	1	
	8 kg	900 g
+	6 kg	400 g
	15 kg	1300 g

↑ 1000 g을 1 kg으로!

2

	6 kg	750 g
+	3 kg	280 g
	kg	g

3

	23 kg	630 g
+	8 kg	920 g
	kg	g

4

	36 kg	470 g
+	6 kg	580 g
	kg	g

5

	27 kg	766 g
+	56 kg	840 g
	kg	g

6

1 kg을 1000 g으로!

	6	1000
	7̶ kg	400 g
−	5 kg	800 g
	1 kg	600 g

7

	4 kg	200 g
−	1 kg	350 g
	kg	g

8

	10 kg	340 g
−	6 kg	860 g
	kg	g

9

	12 kg	
−	9 kg	70 g
	kg	g

10

	20 kg	30 g
−	17 kg	480 g
	kg	g

DAY
48

1 수진이의 몸무게는 35 kg 280 g이고 동하는 수진이보다 2 kg 750 g 더 무겁습니다. 동하의 몸무게는 몇 kg 몇 g인가요?

g은 g끼리, kg은 kg끼리 계산하자.

```
    35 kg  280 g
+    2 kg  750 g
```

답 _____

2 짐을 20 kg까지 담을 수 있는 여행 가방이 있습니다. 지금까지 17 kg 340 g을 담았다면 더 담을 수 있는 짐의 무게는 몇 kg 몇 g인가요?

답 _____

3 무게가 680 g인 빈 그릇에 물을 담아 무게를 재어 보니 1 kg 240 g이었습니다. 담은 물의 무게는 얼마인가요?

답 _____

4 민재가 강아지를 안고 무게를 재면 32 kg 140 g이고, 안지 않고 혼자서 재면 30 kg 670 g입니다. 강아지의 무게는 몇 kg 몇 g인가요?

답 _____

5 수박과 호박의 무게를 합하면 17 kg이고, 수박이 호박보다 2 kg 400 g 더 무겁습니다. 호박의 무게는 몇 kg 몇 g인가요?

답 _____

1.

	kg	g
	7	400
+	6	900

2.

	kg	g
	6	200
+	9	800

3.

	kg	g
	5	760
+	7	380

4.

	kg	g
	12	620
+	9	460

5.

	kg	g
	27	543
+	68	874

6.

	kg	g
	9	200
−	3	600

7.

	kg	g
	8	400
−	2	800

8.

	kg	g
	25	800
−	18	540

9.

	kg	g
	15	80
−	7	540

10.

	kg	g
	82	
−	26	87

| 물건 한 개의 무게를 구하는 문제 |

1 위인전 2권과 동화책 1권의 무게의 합은 1 kg 720 g입니다. 동화책 1권의 무게가 640 g일 때 위인전 1권의 무게는 얼마일까요? (단, 위인전 1권의 무게는 각각 같습니다.)

먼저 위인전 2권의 무게를 구해 보자.

(위인전 2권) = 1kg 720g - 640g

답 _____

3 무게가 520 g인 빈 바구니에 사과 3개를 담아 무게를 재어 보니 1 kg 450 g이었습니다. 사과 1개의 무게는 얼마일까요? (단, 사과 1개의 무게는 각각 같습니다.)

답 _____

2 당근 3개의 무게는 960 g입니다. 무게가 460 g인 빈 바구니에 당근 5개를 담아 무게를 재면 몇 kg 몇 g일까요? (단, 당근 1개의 무게는 각각 같습니다.)

답 _____

4 큰 구슬 1개는 작은 구슬 3개의 무게와 같고, 멜론 1개는 큰 구슬 5개의 무게와 같습니다. 작은 구슬 1개의 무게가 70 g일 때 멜론 1개의 무게는 몇 kg 몇 g일까요?

답 _____

1 들이의 덧셈과 뺄셈을 하세요.

(1)
$$14\text{ L }570\text{ mL} + 3\text{ L }230\text{ mL}$$

(2)
$$9\text{ L }640\text{ mL} + 7\text{ L }865\text{ mL}$$

(3)
$$7\text{ L }80\text{ mL} + 2\text{ L }930\text{ mL}$$

(4)
$$5\text{ L }720\text{ mL} - 2\text{ L }480\text{ mL}$$

(5)
$$10\text{ L }560\text{ mL} - 9\text{ L }670\text{ mL}$$

(6)
$$12\text{ L} - 3\text{ L }820\text{ mL}$$

2 무게의 덧셈과 뺄셈을 하세요.

(1)
$$3\text{ kg }620\text{ g} + 4\text{ kg }360\text{ g}$$

(2)
$$6\text{ kg }340\text{ g} + 3\text{ kg }660\text{ g}$$

(3)
$$12\text{ kg }870\text{ g} + 13\text{ kg }380\text{ g}$$

(4)
$$15\text{ kg }760\text{ g} - 6\text{ kg }380\text{ g}$$

(5)
$$9\text{ kg }570\text{ g} - 3\text{ kg }830\text{ g}$$

(6)
$$21\text{ kg} - 9\text{ kg }40\text{ g}$$

3 들이가 많은 순서대로 기호를 쓰세요.

⊙ 5750 mL   ⓒ 5 L 75 mL   ⓒ 6000 mL

(   )

4 참기름을 짜서 2 L들이의 병에 담았더니 1 L 120 mL가 되었습니다. 이 병에 참기름을 얼마나 더 담을 수 있을까요?

(   )

5 200 mL들이 그릇과 500 mL들이 그릇을 사용하여 물병에 100 mL의 물을 담으려고 합니다. 물을 담는 방법을 다음과 같이 식으로 나타낼 때 □ 안에는 알맞은 수를, ○ 안에는 알맞은 기호를 쓰세요.

$$\boxed{} \bigcirc \boxed{} \bigcirc \boxed{} = 100$$

6 동화책의 무게는 625 g입니다. 사전의 무게는 동화책의 무게보다 1 kg 465 g 더 무겁습니다. 동화책과 사전의 무게의 합은 몇 kg 몇 g인가요?

(   )

7 귤 1개의 무게는 60 g입니다. 귤 7개의 무게와 사과 3개의 무게가 같다면 사과 1개의 무게는 몇 g인가요? (단, 같은 과일끼리의 무게는 각각 같습니다.)

(   )

· 메모 ·

· 메모 ·

앗!

본책의 정답과 풀이를 분실하셨나요?
길벗스쿨 홈페이지에 들어오시면 내려받으실 수 있습니다.
https://school.gilbut.co.kr/

기적의 계산법 응용up

정답과 풀이

초등 3학년 **6**권

6권

01 곱셈

연산 UP

1	462	6	488	11	628		
2	369	7	806	12	426		
3	848	8	360	13	396		
4	288	9	906	14	480		
5	804	10	969	15	286		

응용 UP

1 식 132×3=396　답 396개
2 식 210×4=840　답 840 m
3 식 123×3=369　답 369권
4 식 120×4=480　답 480개
5 식 112×4=448　답 448장

응용 UP

2
```
    2 1 0
  ×     4
  ─────────
    8 4 0
```

3
```
    1 2 3
  ×     3
  ─────────
    3 6 9
```

4
```
    1 2 0
  ×     4
  ─────────
    4 8 0
```

5
```
    1 1 2
  ×     4
  ─────────
    4 4 8
```

연산 UP

1	864	6	516	11	3248		
2	872	7	648	12	3055		
3	816	8	576	13	5608		
4	798	9	728	14	2769		
5	975	10	906	15	1004		

응용 UP

1 식 125×3=375　답 375권
2 식 172×4=688　답 688개
3 식 301×5=1505　답 1505 m
4 식 720×4=2880　답 2880원
5 식 113×7=791　답 791번

응용 UP

2
```
      2
    1 7 2
  ×     4
  ─────────
    6 8 8
```

3
```
    3 0 1
  ×     5
  ─────────
  1 5 0 5
```

4
```
    7 2 0
  ×     4
  ─────────
  2 8 8 0
```

5
```
        2
    1 1 3
  ×     7
  ─────────
    7 9 1
```

연산 UP

1	1855	6	828	11	2244
2	3367	7	652	12	2312
3	1926	8	588	13	1445
4	2379	9	918	14	3976
5	3128	10	976	15	2792

응용 UP

1
```
  1 1 2
×     7
-------
  7 8 4
```

2
```
  2 4 2
×     4
-------
  9 6 8
```

3
```
  4 3 2
×     7
-------
3 0 2 4
```

4
```
  5 0 2
×     8
-------
4 0 1 6
```

5
```
  3 0 1
×     5
-------
1 5 0 5
```

6
```
  1 3 0
×     5
-------
  6 5 0
```

7
```
  6 2 3
×     5
-------
3 1 1 5
```

8
```
  7 3 4
×     3
-------
2 2 0 2
```

연산 UP

1	936	6	486	11	806
2	705	7	1828	12	3222
3	704	8	4288	13	4501
4	3504	9	2695	14	4212
5	2904	10	4515	15	2304

응용 UP

(위부터)

1	3, 6	4	4, 8	7	3, 2
2	5, 7	5	2, 3	8	7, 9
3	7, 2	6	7, 8, 0	9	6, 8, 1

응용 UP 2 ㉠=2 또는 ㉠=7일 때 곱의 일의 자리 수가 8이 됩니다.

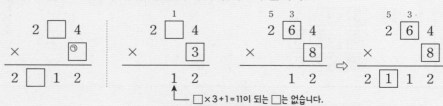

9 ㉠=3 또는 ㉠=8일 때 곱의 일의 자리 수가 2가 됩니다.

└─ □×3+1=11이 되는 □는 없습니다.
참고 □=0일 때 2⃞0⃞4×3=612이므로 □=0이 아닙니다.

연산 UP

1	642	5	508	9	1095
2	1748	6	5640	10	1722
3	4208	7	3045	11	4215
4	2367	8	4080	12	3018

응용 UP

1	504 cm
2	952 cm
3	3584번
4	5310원
5	8권

응용 UP

1 정사각형은 길이가 같은 변이 4개이므로 필요한 철사는 $126 \times 4 = 504$(cm)입니다.

2 선물 상자 한 개를 포장하는 데 필요한 끈은 $84 + 52 = 136$(cm)이므로 7개를 포장하려면 $136 \times 7 = 952$(cm)가 필요합니다.

3 일주일 동안에는 $128 \times 7 = 896$(번), 4주 동안에는 $896 \times 4 = 3584$(번) 하게 됩니다.

4 공책 값은 $680 \times 4 = 2720$(원), 연필 값은 $370 \times 7 = 2590$(원)이므로 학용품 값은 $2720 + 2590 = 5310$(원)입니다.

5 전체 학생에게 나누어 주는 공책 수는 $248 \times 4 = 992$(권)이므로 나누어 주고 남는 공책은 $1000 - 992 = 8$(권)입니다.

연산 UP

1	8 0 0 / 1 0 0 0 / 1 2 0 0	5	9 2 0 / 1 1 5 0 / 1 3 8 0
2	1 6 0 0 / 2 0 0 0 / 2 4 0 0	6	1 1 4 0 / 2 2 8 0 / 2 8 5 0
3	4 2 0 0 / 4 8 0 0 / 5 4 0 0	7	7 2 0 / 2 5 2 0 / 3 2 4 0
4	1 5 0 0 / 3 5 0 0 / 7 2 0 0	8	3 1 5 0 / 2 9 6 0 / 2 6 6 0

응용 UP

1	14, 32, 45, 36	4	00, 00, 00, 00
2	80, 80, 60, 90	5	80, 70, 60, 90
3	73, 31, 43, 54	6	50, 60, 40, 30

연산 UP

1	1500	6	1350	11	1040
2	3500	7	1440	12	1350
3	4800	8	2080	13	3240
4	3600	9	4440	14	2880
5	5600	10	3420	15	2320

응용 UP

1 식 $50 \times 30 = 1500$ 답 1500개
2 식 $30 \times 40 = 1200$ 답 1200명
3 식 $24 \times 30 = 720$ 답 720자루
4 식 $15 \times 60 = 900$ 답 900번
5 450장

응용 UP 4 1시간은 60분이므로 1시간 동안 눈을 깜박이는 횟수는 $15 \times 60 = 900$(번)입니다.

5 지후네 반 학생은 모두 $14 + 16 = 30$(명)입니다.
나누어 준 색종이는 모두 $15 \times 30 = 450$(장)입니다.

연산 UP

1	1824			8	1376
2	1512	5	1645	9	3975
3	5544	6	2790	10	4067
4	3344	7	2166	11	5952

응용 UP

(위부터)

1 3, 1, 2, 3
2 6, 1, 8, 8, 9
3 4, 7, 5, 4, 4
4 6, 1, 6, 4
5 3, 5, 9, 6, 9, 4
6 4, 3, 3, 7, 9

응용 UP 3

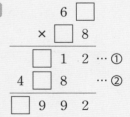

5

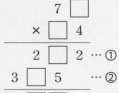

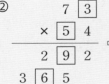

연산 UP

1	1404	5	1548	9	2814
2	2496	6	3942	10	5440
3	4800	7	2400	11	2242
4	3956	8	2052	12	6862

응용 UP

1	544개
2	980분
3	6120개
4	324번
5	1152개

응용 UP

1 초콜릿이 한 상자에 $8 \times 4 = 32$(개) 들어 있으므로 17상자에는 $32 \times 17 = 544$(개) 들어 있습니다.

2 4주는 28일이므로 $35 \times 28 = 980$(분)입니다.

3 1시간 30분은 90분이므로 $68 \times 90 = 6120$(개) 만듭니다.

4 1년은 12달, 3년은 $12 \times 3 = 36$(달)이므로 축구 교실에 모두 $9 \times 36 = 324$(번) 다녔습니다.

5 구슬이 한 상자에 $36 + 28 = 64$(개) 들어 있으므로 18상자에는 $64 \times 18 = 1152$(개) 들어 있습니다.

연산 UP

1	1000	5	3320	9	120
2	1702	6	2380	10	7200
3	4480	7	2622	11	2604
4	268	8	2220	12	3698

응용 UP

1	595
2	2310
3	1566
4	1876
5	2183

응용 UP

1 어떤 수를 □라 하면 $□ + 17 = 52$, $□ = 52 - 17$, $□ = 35$입니다.
➡ 바르게 계산하면 $35 \times 17 = 595$입니다.

3 $58 - □ = 31$, $□ = 58 - 31$, $□ = 27$ ➡ 바르게 계산하면 $58 \times 27 = 1566$입니다.

4 $67 \times □ = 938$, 어떤 수의 2배는 $□ \times 2$이므로 67에 $□ \times 2$를 곱하면 938의 2배가 됩니다.
➡ $67 \times □ \times 2 = 938 \times 2 = 1876$

5 $□ + 29 = 88$, $□ = 88 - 29$, $□ = 59$
어떤 수와 37의 곱은 $59 \times 37 = 2183$입니다.

연산 UP

1 448	**4** 1242	**7** 240
2 1548	**5** 1800	**8** 1950
3 3690	**6** 392	**9** 2100

응용 UP

1 재영 **2** 해리

3 6, 7, 8, 9 **4** 80

응용 UP **2** 지선: 28을 30으로 생각하면 약 $30 \times 70 = 2100$입니다.

해리: 63을 60으로 생각하면 약 $40 \times 60 = 2400$입니다.

⇨ 2300보다 큰 곱셈을 말한 사람은 해리입니다.

3 78을 80으로 생각하면 $\square \times 80 = 400$에서 $\square$를 5로 예상할 수 있습니다.

$5 \times 78 = 390 < 400$이므로 $\square$를 6으로 다시 예상하면 $6 \times 78 = 468 > 400$입니다.

따라서 $\square$ 안에 들어갈 수 있는 수는 5보다 큰 6, 7, 8, 9입니다.

4 $32 \times \square$에서 $\square$를 80으로 예상하면 $32 \times 80 = 2560$이고 $2540 < 2560$입니다.

$\square = 79$이면 $32 \times 79 = 2528$이고, $2540 > 2528$이므로 $\square$는 80, 81, 82, ……입니다.

따라서 $\square$ 안에 들어갈 수 있는 가장 작은 두 자리 수는 80입니다

연산 UP

1 850	**5** 1750	**9** 3328
2 2080	**6** 1551	**10** 1748
3 4956	**7** 3392	**11** 6048
4 4914	**8** 3410	**12** 3268

응용 UP

1
```
    4 [3]
  × [5] 2
  2 2 3 6
```
곱 2236

2
```
    2 [7]
  × [9] 4
  2 5 3 8
```
곱 2538

3
```
  4 [6][8]
  ×    [2]
  9 3 6
```
곱 936

4
```
  [2][5]
  × 7 [6]
  1 9 0 0
```
곱 1900

응용 UP **2**
```
    2 □
  × ㉠ □
```
```
    2 [7]
  × [9] 4
  2 5 3 8
```
```
    2 [4]
  × [9][7]
  2 3 2 8
```
㉠에 가장 큰 수 9를 놓습니다.

⇨ 곱이 가장 큰 곱셈식은

$2[7] \times [9]4 = 2538$입니다.

4
```
  ㉠ □
  × 7 □
```
```
  [2][5]
  × 7 [6]
  1 9 0 0
```
```
  [2][6]
  × 7 [5]
  1 9 5 0
```
㉠에 가장 작은 수 2를 놓습니다.

⇨ 곱이 가장 작은 곱셈식은

$[2][5] \times 7[6] = 1900$입니다.

연산 UP

1	399	4	1480	7	1568
2	1628	5	5395	8	1800
3	2470	6	3600	9	1482

응용 UP

1 788명

2 105권

3 370원

4 84개

5 30개

응용 UP

1 25명씩 32줄로 세우면 25×32=800(명)이 되는데 12명이 부족하므로 진경이네 학교 학생은
800−12=788(명)입니다.

2 동화책은 과학책보다 24−17=7(묶음) 더 많습니다.
따라서 동화책은 과학책보다 15×7=105(권) 더 많습니다.

3 (클립 값)=70×25=1750(원), (지우개 값)=840×7=5880(원)
⇨ (거스름돈)=8000−1750−5880=370(원)

1
(1) 1248	(4) 3024	(7) 5936
(2) 1308	(5) 3115	(8) 1122
(3) 603	(6) 1704	(9) 2394

2
(1) 338	(4) 2700	(7) 3848
(2) 1376	(5) 1568	(8) 3440
(3) 4050	(6) 1128	(9) 2176

3 (1)
```
      8 0
    × 5 0
  4 0 0 0
```
(2)
```
      4 3
    × 6 2
      8 6
  2 5 8
  2 6 6 6
```

4 4350개

5 1716

6 30

7
```
      9 3
    × 7 5
  6 9 7 5
```
곱 6975

5 어떤 수를 □라 하면 □+26=92, □=66입니다. ⇨ 바르게 계산하면 66×26=1716입니다.

6 57을 60으로 생각하고 □를 30으로 예상해 봅니다.
30×57=1710>1700, 29×57=1653<1700이므로 □=30, 31, 32, ……입니다. 따라서 □ 안에 들어
갈 수 있는 가장 작은 두 자리 수는 30입니다.

7
```
    ㉠ □           9 5           9 3
  × 7 □         × 7 3         × 7 5
                6 9 3 5       6 9 7 5
```
㉠에 가장 큰 수 9를 놓습니다.
⇨ 곱이 가장 큰 곱셈식은 93×75=6975입니다.

02 나눗셈

DAY 15

43쪽
44쪽

연산 UP

1	10	5	23	9	30	13	21
2	40	6	12	10	31	14	21
3	30	7	12	11	11	15	11
4	20	8	23	12	33	16	22

응용 UP

1	10권
2	20개
3	32개
4	12명

DAY 16

45쪽
46쪽

연산 UP

1	12	5	18	9	45	13	14
2	15	6	35	10	15	14	24
3	16	7	14	11	17	15	13
4	15	8	25	12	14	16	37

응용 UP

1	15개
2	14 cm
3	14개
4	12개

DAY 17

47쪽
48쪽

연산 UP

1	25	5	13	9	14	13	15
2	19	6	18	10	19	14	12
3	12	7	13	11	27	15	17
4	13	8	12	12	16	16	28

응용 UP

(위부터)

1	0, 8
2	1, 3, 3, 3
3	6, 0, 0, 3, 0
4	0, 3, 6
5	1, 0, 5, 1, 1, 0
6	6, 2, 2, 1, 2
7	4, 3, 8, 6
8	4, 6, 1, 1, 6
9	1, 6, 4, 2, 4

연산 UP

1	17…2	4	20…1	7	13…2
2	16…4	5	30…2	8	9…3
3	11…1	6	10…5	9	17…1

바로개념 ▶ 작아요에 ○표

응용 UP

1. 13봉지, 2개
2. 19개, 2개
3. 13장, 5장
4. 12개, 2장
5. 12개

응용 UP

1. $67 \div 5 = 13 \cdots 2$ ⇨ 단팥빵을 13봉지 팔 수 있고, 2개가 남습니다.

2. $78 \div 4 = 19 \cdots 2$ ⇨ 참외를 한 상자에 19개까지 담을 수 있고, 이때 2개가 남습니다.

3. $83 \div 6 = 13 \cdots 5$ ⇨ 색종이를 한 명에게 13장까지 줄 수 있고, 이때 5장이 남습니다.

4. $50 \div 4 = 12 \cdots 2$ ⇨ 샌드위치를 12개까지 만들 수 있고, 이때 햄이 2장 남습니다.

5. $97 \div 8 = 12 \cdots 1$ ⇨ 나머지 1개로는 목걸이를 만들 수 없으므로 12개까지 만들 수 있습니다.

연산 UP

1	21	5	15	9	14	13	9…8
2	13…2	6	7…2	10	11…4	14	20…2
3	7…3	7	15…3	11	14…1	15	19…4
4	21…3	8	25	12	13…4	16	10…3

응용 UP

1. 6
2. 1, 8
3. 1, 4, 7
4. 2, 3, 6, 9

응용 UP

1.
$$\begin{array}{r} 1\,☆ \\ 8\,\overline{)\,9\,□} \\ \underline{8} \\ 1\,□ \\ \underline{1\,□} \\ 0 \end{array}$$
$8 \times 2 = 16$, $8 \times 3 = 24$이므로 $8 \times ☆ = 1□$에서 ☆$=2$, □$=6$입니다.

2.
$$\begin{array}{r} 1\,☆ \\ 7\,\overline{)\,9\,□} \\ \underline{7} \\ 2\,□ \\ \underline{2\,□} \\ 0 \end{array}$$
$7 \times 3 = 21$, $7 \times 4 = 28$이므로 $7 \times ☆ = 2□$에서 ☆$=3$, 4가 될 수 있고 이때 □ 안에 알맞은 수는 각각 1, 8입니다.

3.
$$\begin{array}{r} 2\,☆ \\ 3\,\overline{)\,8\,□} \\ \underline{6} \\ 2\,□ \\ \underline{2\,□} \\ 0 \end{array}$$
$3 \times 7 = 21$, $3 \times 8 = 24$, $3 \times 9 = 27$이므로 $3 \times ☆ = 2□$에서 ☆$=7$, 8, 9가 될 수 있고 이때 □ 안에 알맞은 수는 각각 1, 4, 7입니다.

4.
$$\begin{array}{r} 2\,7 \\ 2\,\overline{)\,5\,4} \\ \underline{4} \\ 1\,4 \\ \underline{1\,4} \\ 0 \end{array}$$
$$\begin{array}{r} 1\,8 \\ 3\,\overline{)\,5\,4} \\ \underline{3} \\ 2\,4 \\ \underline{2\,4} \\ 0 \end{array}$$
$$\begin{array}{r} 9 \\ 6\,\overline{)\,5\,4} \\ \underline{5\,4} \\ 0 \end{array}$$
$$\begin{array}{r} 6 \\ 9\,\overline{)\,5\,4} \\ \underline{5\,4} \\ 0 \end{array}$$

DAY 20

연산 UP

1	15…2	4	8…1	7	12…2
2	24	5	14	8	7…5
3	14…3	6	7…4	9	27

응용 UP

1. 13개
2. 11개
3. 12번
4. 14일
5. 10개

53쪽
54쪽

응용 UP

1. 86÷7=12…2 ⇨ 나머지 2권도 담아야 하므로 상자는 적어도 12+1=13(개) 필요합니다.
2. 62÷6=10…2 ⇨ 나머지 2마리도 넣어야 하므로 어항은 적어도 10+1=11(개) 필요합니다.
3. 92÷8=11…4 ⇨ 나머지 4명도 타야 하므로 놀이기구는 적어도 11+1=12(번) 운행해야 합니다.
4. 96÷7=13…5 ⇨ 나머지 5쪽도 읽어야 하므로 다 읽는 데 적어도 13+1=14(일) 걸립니다.
5. 75÷8=9…3 ⇨ 나머지 3개도 담아야 하므로 봉지는 적어도 9+1=10(개) 필요합니다.

DAY 21

연산 UP

1	200	4	200	7	200
2	210	5	210	8	230
3	213	6	212	9	234

응용 UP

1. 400장
2. 300개
3. 120명
4. 122개
5. 342명

55쪽
56쪽

DAY 22

연산 UP

1	157	4	246	7	126
2	167	5	139	8	129
3	324	6	121	9	246

응용 UP

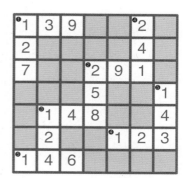

57쪽
58쪽

연산 UP

1	208	5	140	9	204
2	104	6	130	10	307
3	302	7	230	11	130
4	209	8	120	12	120

응용 UP

	식		답	
1	식	$412 \div 4 = 103$	답	103개
2	식	$420 \div 3 = 140$	답	140망
3	식	$642 \div 6 = 107$	답	107개
4	식	$500 \div 4 = 125$	답	125개

연산 UP

1	75	5	95	9	46
2	68	6	95	10	97
3	26	7	76	11	87
4	98	8	96	12	87

응용 UP

1
```
       1 4
  5)7 0
    5
    2 0
    2 0
        0
```

2
```
       2 4
  3)7 4
    6
    1 4
    1 2
        2
```

3
```
       1 7
  4)6 9
    4
    2 9
    2 8
        1
```

4
```
       6 2
  7)4 3 4
    4 2
      1 4
      1 4
          0
```

5
```
     2 0 6
  3)6 1 8
    6
      1 8
      1 8
          0
```

6
```
     1 2 8
  7)8 9 6
    7
    1 9
    1 4
      5 6
      5 6
          0
```

DAY 25

연산 UP

1 76⋯2	**4** 81⋯2	**7** 107⋯3
2 209⋯1	**5** 70⋯3	**8** 82⋯3
3 193⋯2	**6** 268⋯1	**9** 116⋯4

응용 UP

1 3송이

2 36주일 4일

3 13명, 4자루

4 38송이

5 26일

63쪽
64쪽

응용 UP

1 723÷6＝120⋯3 ⇨ 6송이씩 120상자를 포장하고 나면 3송이가 남습니다.

2 일주일은 7일이므로 256일은 256÷7＝36⋯4, 36주일 4일입니다.

3 연필은 모두 12×9＝108(자루)입니다. ⇨ 108÷8＝13⋯4, 13명까지 줄 수 있고 4자루가 남습니다.

4 2시간 35분＝120분＋35분＝155분 ⇨ 155÷4＝38⋯3, 38송이까지 접을 수 있습니다.

5 전체 쪽수는 9×17＝153(쪽)입니다.
⇨ 153÷6＝25⋯3, 25일 동안 읽으면 3쪽이 남습니다. 나머지 3쪽도 읽어야 하므로 적어도 26일이
걸립니다.

DAY 26

연산 UP

1 193⋯2	**4** 158⋯1	**7** 150⋯2
2 99	**5** 109⋯2	**8** 146
3 203⋯2	**6** 145⋯4	**9** 43⋯5

응용 UP

1 6송이   **3** 214개

2 35그루   **4** 73개

65쪽
66쪽

응용 UP

1 8 m 간격 수는 40÷8＝5(군데)이고, 길의 처음에도 심어야 하므로 필요한 국화 수는 간격 수보다
1 큽니다. ⇨ 5＋1＝6(송이) 필요합니다.

2 간격 수는 204÷6＝34(군데)이고, 가로수는 처음부터 끝까지 심어야 하므로 34＋1＝35(그루) 필
요합니다.

3 한쪽의 간격 수는 742÷7＝106(군데)이므로 한쪽에 세우는 가로등은 106＋1＝107(개)이고, 양쪽
에 필요한 가로등은 107×2＝214(개)입니다.

4 원 모양에서는 간격 수와 놓아야 하는 의자 수가 같습니다.
따라서 필요한 의자는 584÷8＝73(개)입니다.

연산 UP

1 11 … 4

확인 $6 \times 11 = 66$
$66 + 4 = 70$

2 12 … 3

확인 $6 \times 12 = 72$
$72 + 3 = 75$

3 12 … 2

확인 $7 \times 12 = 84$
$84 + 2 = 86$

4 206 … 3

확인 $4 \times 206 = 824$
$824 + 3 = 827$

5 94 … 2

확인 $8 \times 94 = 752$
$752 + 2 = 754$

6 104 … 3

확인 $5 \times 104 = 520$
$520 + 3 = 523$

7 260

확인 3×260
$= 780$

8 108

확인 5×108
$= 540$

9 84 … 4

확인 $7 \times 84 = 588$
$588 + 4 = 592$

응용 UP

1 32일

2 15봉지, 1개

3 112

4 225장

응용 UP

3 7로 나누어떨어지는 세 자리 수는 105, 112, 119, ……입니다.

8로 나누어떨어지는 세 자리 수는 104, 112, 120, ……입니다.

⇨ 7로 나누어도 나누어떨어지고 8로 나누어도 나누어떨어지는 수 중에서 가장 작은 세 자리 수는
112입니다.

4 긴 변에 자를 수 있는 카드 수는 $120 \div 8 = 15$(장)이고,

짧은 변에 자를 수 있는 카드 수는 $75 \div 5 = 15$(장)입니다.

만들 수 있는 카드 수는 $15 \times 15 = 225$(장)입니다.

연산 UP

1 15 … 2

확인 $3 \times 15 = 45$
$45 + 2 = 47$

2 16

확인 $4 \times 16 = 64$

3 11 … 2

확인 $6 \times 11 = 66$
$66 + 2 = 68$

4 46 … 4

확인 $7 \times 46 = 322$
$322 + 4 = 326$

5 150 … 2

확인 $5 \times 150 = 750$
$750 + 2 = 752$

6 52

확인 $8 \times 52 = 416$

7 54 … 3

확인 $6 \times 54 = 324$
$324 + 3 = 327$

8 107 … 4

확인 $8 \times 107 = 856$
$856 + 4 = 860$

9 206 … 3

확인 $4 \times 206 = 824$
$824 + 3 = 827$

응용 UP

1 $\boxed{7}\boxed{6} \div \boxed{3}$

25, 1

2 $\boxed{8}\boxed{5} \div \boxed{2}$

42, 1

바로 개념 크게, 작게에 ○표

3 $\boxed{4}\boxed{6}\boxed{7} \div \boxed{9}$

51, 8

4 $\boxed{3}\boxed{4}\boxed{5} \div \boxed{8}$

43, 1

바로 개념 작게, 크게에 ○표

연산 UP

1. 205
2. 246
3. 70
4. 182
5. 96
6. 396
7. 936
8. 393
9. 381
10. 290
11. 300
12. 509
13. 206
14. 753

응용 UP

1. 86
2. 142
3. 70, 3
4. 54, 1
5. 287

응용 UP

3. □÷9=47, □=9×47=423 ⇨ 바르게 계산하면 423÷6=70…3입니다.

4. □×4=868, □=868÷4=217 ⇨ 바르게 계산하면 217÷4=54…1입니다.

5. □÷8=35…☆에서 ☆은 8보다 작아야 합니다. 8보다 작은 수 중에서 가장 큰 수인 ☆은 7이고 이 때 □의 값이 가장 큽니다. ⇨ □: 8×35=280, 280+7=287

1 (1) 12, 6　(2) 12, 2　(3) 13, 1
　　(4) 195, 3　(5) 94, 3　(6) 308, 1

2 (1) 17　확인 5×17=85
　　(2) 15…2　확인 4×15=60,
　　　　　　　　　60+2=62
　　(3) 13…3　확인 7×13=91,
　　　　　　　　　91+3=94
　　(4) 148…2　확인 5×148=740,
　　　　　　　　　740+2=742
　　(5) 133…4　확인 6×133=798,
　　　　　　　　　798+4=802
　　(6) 204　확인 3×204=612

3 (1)
```
     1 3
 6)8 0
   6
   2 0
   1 8
     2
```
(2)
```
     2 0 6
 4)8 2 4
   8
     2 4
     2 4
       0
```

4 13송이, 2송이

5 14일

6 2, 8

7 349

6 몫이 11일 때 6×11=66, 몫이 12일 때 6×12=72,
몫이 13일 때 6×13=78, 몫이 14일 때 6×14=84이므로 나누어지는 수의 십의 자리 수가 7인 경우는 72,
78일 때입니다. 따라서 □ 안에 알맞은 수는 2, 8입니다.

03 원

연산 UP

바로개념 2, 2

1. 5 cm
   10 cm
2. 8 cm
   16 cm
3. 11 cm
   22 cm
4. 4 cm
   8 cm
5. 6 cm
   12 cm
6. 9 cm
   18 cm
7. 7 cm
   14 cm
8. 5 cm
   10 cm
9. 10 cm
   20 cm

응용 UP

1. ~~지름~~이라고, ⊠
   반지름
2. ○
3. ~~다릅니다,~~ ⊠
   같습니다
4. ○
5. 가장 ~~짧은,~~ ⊠
   긴
6. ○
7. 예 (반지름)~~×~~2, ⊠
   ×
8. 지름은 ~~10개까지,~~
   무수히 많이 ⊠

응용 UP 7 [다른 정답] (~~지름~~)=(~~반지름~~)÷2
반지름   지름

연산 UP

1. 8
2. 18
3. 8
4. 12
5. 20
6. 7
7. 11
8. 3
9. 6
10. 10
11. 14
12. 15

응용 UP

1. 18 cm
2. 8 cm
3. 16 cm
4. 4 cm

응용 UP

1. 작은 원의 반지름은 4 cm이고 큰 원의 반지름은 5＋4＝9(cm)입니다.
   따라서 큰 원의 지름은 9×2＝18(cm)입니다.

2. 작은 원의 지름은 큰 원의 반지름과 같으므로 32÷2＝16(cm)입니다.
   따라서 작은 원의 반지름은 16÷2＝8(cm)입니다.

3. 작은 원의 반지름은 12－4＝8(cm)이므로 작은 원의 지름은 8×2＝16(cm)입니다.

4. 두 번째로 작은 원의 지름은 큰 원의 반지름과 같으므로 16 cm입니다.
   가장 작은 원의 지름은 두 번째로 작은 원의 반지름과 같으므로 16÷2＝8(cm)입니다.
   따라서 가장 작은 원의 반지름은 8÷2＝4(cm)입니다.

응용 UP

1	24 cm
2	24 cm
3	21 cm
4	36 cm

응용 UP

1	20 cm	3	33 cm
2	24 cm	4	8 cm

응용 UP 2 선분 ㄱㄴ은 왼쪽 원의 반지름, 가운데 원의 지름, 오른쪽 원의 반지름의 합과 같습니다.
⇨ $6+10+8=24$(cm)

3 28 cm는 원의 반지름의 4배와 같으므로 원의 반지름은 $28÷4=7$(cm)입니다.
선분 ㄱㄴ은 반지름의 3배와 같으므로 $7×3=21$(cm)입니다.

4 큰 원의 반지름은 가운데 작은 원의 지름과 같으므로 $6×2=12$(cm)입니다.
선분 ㄱㄴ은 큰 원의 반지름의 3배와 같으므로 $12×3=36$(cm)입니다.

응용 UP 3 삼각형 ㄱㄴㄷ의 세 변은 모두 원의 반지름으로 길이가 같습니다.
따라서 삼각형 ㄱㄴㄷ의 세 변의 길이의 합은 $11+11+11=33$(cm)입니다.

4 삼각형 ㄱㄴㄷ의 세 변은 모두 원의 지름과 길이가 같습니다. 따라서 삼각형 ㄱㄴㄷ의 한 변의 길이는
$48÷3=16$(cm)이고, 원의 반지름은 $16÷2=8$(cm)입니다.

1 (1) 6 cm   (2) 11 cm
      12 cm   22 cm
    (3) 12 cm   (4) 9 cm
      24 cm   18 cm

2 (1) 5   (2) 16
    (3) 6   (4) 14

3 (1) 18 cm   (2) 20 cm
    (3) 14 cm   (4) 27 cm

4 (1) 96 cm   (2) 38 cm

4 (1) 도형은 직사각형입니다. 직사각형의 긴 쪽의 길이는 $8×4=32$(cm), 짧은 쪽의 길이는 $8×2=16$(cm)이므
로 네 변의 길이의 합은 $32+16+32+16=96$(cm)입니다.
(2) 선분 ㄱㄴ은 $5+7=12$(cm), 선분 ㄴㄷ은 $7+7=14$(cm), 선분 ㄱㄷ은 $5+7=12$(cm)이므로 도형의 세
변의 길이의 합은 $12+14+12=38$(cm)입니다.

04 분수

연산 UP

1 1, 3, $\frac{1}{3}$

2 1, 4, $\frac{1}{4}$

3 1, 5, $\frac{1}{5}$

4 1, 6, $\frac{1}{6}$

5 3, 4, $\frac{3}{4}$

6 2, 5, $\frac{2}{5}$

7 4, 6, $\frac{4}{6}$

8 4, 7, $\frac{4}{7}$

응용 UP

1 $\frac{2}{4}$, $\frac{1}{2}$

2 $\frac{9}{12}$, $\frac{6}{8}$, $\frac{3}{4}$

3 $\frac{15}{20}$, $\frac{6}{8}$, $\frac{3}{4}$

연산 UP

1 6, $\frac{2}{6}$

2 6, $\frac{3}{6}$

3 9, $\frac{5}{9}$

4 8, $\frac{3}{8}$

5 3, $\frac{2}{3}$

6 6, $\frac{4}{6}$

7 4, $\frac{3}{4}$

8 5, $\frac{3}{5}$

응용 UP

1 $\frac{2}{6}$

2 $\frac{3}{5}$

3 $\frac{1}{3}$, $\frac{2}{3}$

4 $\frac{5}{8}$

5 $\frac{3}{4}$, $\frac{3}{5}$

응용 UP 4 72를 9씩 묶으면 8묶음이고, 그중 3묶음을 먹었으므로 나머지는 5묶음입니다.

따라서 집으로 가져온 밤은 전체의 $\frac{5}{8}$입니다.

5 민지: 32는 8씩 4묶음이고 24는 8씩 3묶음이므로 24장은 32장의 $\frac{3}{4}$입니다.

현호: 40은 8씩 5묶음이고 24는 8씩 3묶음이므로 24장은 40장의 $\frac{3}{5}$입니다.

연산 UP		응용 UP	DAY

DAY 37

95쪽
96쪽

연산 UP

1 3, 9
2 4, 16
3 9, 27
4 8, 48
5 5, 15
6 4, 20
7 9, 63
8 9, 36

응용 UP

1 ㅍ, ㄷ, ㅔ, ㅇ / 풍뎅이
2 ㅏ, ㄴ, ㅡ, ㄹ, ㅅ, ㅗ / 하늘소

DAY 38

97쪽
98쪽

연산 UP

1 10, 14
2 9, 20
3 48, 63
4 24, 50
5 8, 24
6 40, 75
7 15, 16
8 20, 48

응용 UP

1 32자루
2 9시간
3 24개
4 빨간색 끈
5 85분

응용 UP

1 56의 $\frac{1}{7}$은 56÷7=8이므로 56의 $\frac{4}{7}$는 8×4=32입니다.

2 24의 $\frac{1}{8}$은 24÷8=3이므로 24의 $\frac{3}{8}$은 3×3=9입니다.

3 72의 $\frac{1}{9}$은 8입니다. $\frac{6}{9}$은 9묶음 중의 6묶음이므로 남은 딸기는 3묶음입니다.

따라서 남은 딸기는 72의 $\frac{3}{9}$이므로 8×3=24(개)입니다.

4 1 m의 $\frac{3}{5}$은 100 cm의 $\frac{3}{5}$이므로 60 cm이고, 77 cm의 $\frac{5}{7}$는 55 cm입니다.

따라서 빨간색 끈을 더 많이 사용했습니다.

5 1시간은 60분이므로 60분의 $\frac{3}{4}$은 45분이고, 60분의 $\frac{4}{6}$는 40분입니다.

따라서 용주가 숙제를 한 시간은 45+40=85(분)입니다.

연산 UP

1 $\dfrac{11}{4}$

2 $\dfrac{17}{5}$

3 $\dfrac{13}{3}$

4 $\dfrac{45}{8}$

5 $\dfrac{30}{4}$

6 $\dfrac{43}{9}$

7 $\dfrac{16}{6}$

8 $\dfrac{28}{5}$

9 $\dfrac{31}{9}$

10 $\dfrac{45}{7}$

11 $\dfrac{49}{5}$

12 $\dfrac{61}{8}$

13 $\dfrac{18}{13}$

14 $\dfrac{34}{15}$

15 $\dfrac{76}{10}$

16 $\dfrac{101}{12}$

17 $\dfrac{59}{11}$

18 $\dfrac{89}{14}$

응용 UP

1 $1\dfrac{4}{6}, \dfrac{10}{6}$

2 $1\dfrac{3}{5}, \dfrac{8}{5}$

3 $2\dfrac{3}{4}, \dfrac{11}{4}$

4 $3\dfrac{2}{3}, \dfrac{11}{3}$

응용 UP 3 2에서 $\dfrac{3}{4}$만큼 더 갔으므로 달팽이가 가리키는 수는 $2\dfrac{3}{4}$입니다.

$2\dfrac{3}{4}$을 가분수로 나타내면 $\dfrac{11}{4}$이 됩니다.

4 3에서 $\dfrac{2}{3}$만큼 더 갔으므로 여우가 가리키는 수는 $3\dfrac{2}{3}$입니다.

$3\dfrac{2}{3}$를 가분수로 나타내면 $\dfrac{11}{3}$이 됩니다.

연산 UP

1 $2\dfrac{2}{5}$

2 $5\dfrac{3}{4}$

3 $2\dfrac{5}{6}$

4 $3\dfrac{5}{8}$

5 $5\dfrac{3}{7}$

6 18

7 $6\dfrac{4}{8}$

8 $8\dfrac{2}{6}$

9 $7\dfrac{5}{9}$

10 $15\dfrac{2}{3}$

11 $3\dfrac{4}{9}$

12 $18\dfrac{2}{4}$

13 14

14 $12\dfrac{3}{5}$

15 $11\dfrac{6}{7}$

16 $6\dfrac{3}{10}$

17 $13\dfrac{1}{8}$

18 $16\dfrac{3}{9}$

응용 UP

1 $\dfrac{5}{2}, 2\dfrac{1}{2}$

$\dfrac{9}{2}, 4\dfrac{1}{2}$

$\dfrac{9}{5}, 1\dfrac{4}{5}$

3 $8\dfrac{3}{5}, \dfrac{43}{5}$

$5\dfrac{3}{8}, \dfrac{43}{8}$

$3\dfrac{5}{8}, \dfrac{29}{8}$

2 $\dfrac{7}{3}, 2\dfrac{1}{3}$

$\dfrac{8}{3}, 2\dfrac{2}{3}$

$\dfrac{8}{7}, 1\dfrac{1}{7}$

4 $4\dfrac{5}{7}, \dfrac{33}{7}$

$5\dfrac{4}{7}, \dfrac{39}{7}$

$7\dfrac{4}{5}, \dfrac{39}{5}$

연산 UP

1	>	8	<
2	>	9	<
3	<	10	<
4	>	11	>
5	<	12	>
6	<	13	<
7	>	14	>

응용 UP

1 빨간색 테이프

2 토마토

3 승우, 진하, 영규

4 $7\frac{2}{4}$

응용 UP 2 $\frac{16}{7} < \frac{18}{7}$ 이므로 토마토 한 상자가 더 무겁습니다.

3 $2\frac{1}{8} > 1\frac{7}{8} > 1\frac{3}{8}$ 이므로 텔레비전을 본 시간이 긴 순서대로 이름을 쓰면 승우, 진하, 영규입니다.

4 대분수는 자연수 부분이 클수록 크므로 지호가 만든 대분수는 $7\frac{2}{4}$ 입니다.

연산 UP

1	>	8	>
2	<	9	<
3	>	10	=
4	=	11	<
5	<	12	=
6	<	13	<
7	=	14	>

응용 UP

1 1, 2, 3, 4

2 7, 8, 9

3 1, 2, 3, 4

4 6개

응용 UP 3 $\frac{39}{7} = 5\frac{4}{7}$ 이므로 $5\frac{4}{7} > \square\frac{5}{7}$ 이려면 □는 5보다 작아야 합니다. 따라서 □ 안에 들어갈 수 있는 자연수는 1, 2, 3, 4입니다.

4 대분수를 모두 가분수로 고쳐서 분자의 크기를 비교해 봅니다.

$\frac{11}{8} < \frac{\square}{8} < \frac{18}{8}$ 에서 분자를 비교하면 $11 < \square < 18$ 입니다.

따라서 □ 안에 들어갈 수 있는 자연수는 12, 13, 14, 15, 16, 17로 모두 6개입니다.

1 (1) $\frac{3}{7}$, $\frac{5}{7}$ (2) $\frac{4}{9}$, $\frac{6}{9}$ **4** $\frac{4}{6}$

2 (1) 15   (4) 24   **5** $\frac{2}{7}$, 10장

    (2) 30   (5) 48   **6** $\frac{47}{9}$

    (3) 36   (6) 66

3 (1) $\frac{22}{9}$ (4) $5\frac{6}{9}$ **7** 미술관

    (2) $\frac{31}{8}$ (5) $11\frac{1}{6}$ **8** 5개

    (3) $\frac{53}{12}$ (6) $15\frac{2}{7}$

4 48을 8씩 묶으면 6묶음이고 32를 8씩 묶으면 4묶음입니다.

따라서 종이비행기를 접는 데 사용한 색종이는 전체의 $\frac{4}{6}$입니다.

5 동생에게 준 카드는 전체의 $\frac{2}{7}$이고, 35의 $\frac{2}{7}$는 10이므로 동생에게 준 카드는 10장입니다.

6 분모에 9를 놓고 남은 수 카드 2, 5 중에서 큰 수인 5를 자연수 부분에, 나머지 수 2를 분자에 놓으면 $5\frac{2}{9}$가 됩니다.

$5\frac{2}{9}$를 가분수로 나타내면 $\frac{47}{9}$이 됩니다.

7 $\frac{18}{8}=2\frac{2}{8}$이므로 $2\frac{2}{8}>2\frac{1}{8}>1\frac{5}{8}$가 됩니다.

따라서 지우네 집에서 가장 먼 곳은 미술관입니다.

8 $2\frac{3}{5}=\frac{13}{5}$, $3\frac{4}{5}=\frac{19}{5}$이므로 $\frac{13}{5}<\frac{\square}{5}<\frac{19}{5}$에서 분자의 크기를 비교하면 $13<\square<19$입니다.

따라서 □ 안에 들어갈 수 있는 자연수는 14, 15, 16, 17, 18로 모두 5개입니다.

05 들이와 무게

연산 UP

1 1200
2 3460
3 9745
4 8708
5 6090
6 5862
7 7006
8 3, 500
9 4, 320
10 3, 40
11 9, 60
12 2, 70
13 3, 6
14 7, 300

응용 UP

1 ㉯ 물통
2 1225 mL
3 3 L 340 mL
4 1920 mL
5 지우

응용 UP 3 2340 mL=2 L 340 mL에 1 L를 더 부으면 3 L 340 mL가 됩니다.

4 두 주스의 양의 합은 1 L 920 mL이고 mL로 나타내면 1920 mL입니다.

5 1850 mL=1 L 850 mL>1 L 85 mL이므로 우유를 더 많이 마신 사람은 지우입니다.

연산 UP

1 13, 200
2 12, 100
3 14, 120
4 22, 410
5 44, 240
6 2, 700
7 5, 700
8 6, 330
9 21, 860
10 3, 680

응용 UP

1 7 L 960 mL
2 1 L 690 mL
3 1 L 920 mL
4 1 L 10 mL
5 1 L 500 mL

응용 UP 3 640 mL+640 mL+640 mL=1920 mL=1 L 920 mL

➡ 물병의 들이는 1 L 920 mL입니다.

4 2 L−520 mL−470 mL=1 L 10 mL ➡ 남은 우유는 1 L 10 mL입니다.

5 2000원으로 2병을 살 수 있으므로 2병에 들어 있는 감귤주스의 양은

750 mL+750 mL=1500 mL=1 L 500 mL입니다.

연산 UP

1. 16 L 100 mL
2. 13 L 270 mL
3. 14 L 197 mL
4. 22 L 408 mL
5. 60 L 530 mL
6. 2 L 770 mL
7. 2 L 690 mL
8. 4 L 550 mL
9. 23 L 780 mL
10. 3 L 760 mL

응용 UP

1. 식 $2\,\text{L}\,300\,\text{mL}+5\,\text{L}\,700\,\text{mL}=8\,\text{L}$
2. 풀이 참조
   식 $5\,\text{L}\,700\,\text{mL}-2\,\text{L}\,300\,\text{mL}$
   $=3\,\text{L}\,400\,\text{mL}$
3. 풀이 참조
   식 $(800\,\text{mL}-300\,\text{mL})$
   $+(800\,\text{mL}-300\,\text{mL})$
   $=1\,\text{L}$
4. 풀이 참조
   식 $800\,\text{mL}-300\,\text{mL}-300\,\text{mL}=200\,\text{mL}$

응용 UP ② 예) ⓗ 그릇에 물을 가득 채운 다음 ⓗ 그릇의 물을 ㉮ 그릇에 가득 채웁니다. 이때 ⓗ 그릇에 남은 물이 3 L 400 mL입니다. ⇨ $5\,\text{L}\,700\,\text{mL}-2\,\text{L}\,300\,\text{mL}=3\,\text{L}\,400\,\text{mL}$

③ 예) ⓗ 그릇에 물을 가득 채워서 ㉮ 그릇에 가득 채운 다음 ⓗ 그릇의 남은 물을 물통에 붓습니다. 이 방법으로 한 번 더 물통에 물을 부으면 물통의 물이 1 L가 됩니다.
⇨ $(800\,\text{mL}-300\,\text{mL})+(800\,\text{mL}-300\,\text{mL})=500\,\text{mL}+500\,\text{mL}=1\,\text{L}$

④ 예) ⓗ 그릇에 물을 가득 채운 다음 ㉮ 그릇에 물을 가득 채워 2번 덜어 냅니다. 이때 ⓗ 그릇에 남은 물이 200 mL입니다. ⇨ $800\,\text{mL}-300\,\text{mL}-300\,\text{mL}=200\,\text{mL}$

연산 UP

1. 1500
2. 7206
3. 8030
4. 5078
5. 3408
6. 4000
7. 9000
8. 4, 700
9. 4, 20
10. 5, 703
11. 8, 4
12. 9, 78
13. 2, 50
14. 4, 108

응용 UP

1. 2 kg 600 g
2. 진규
3. 지호
4. 6 t
5. ⓗ 트럭

응용 UP ① 큰 눈금 한 칸은 1 kg을 나타내고, 작은 눈금 한 칸은 큰 눈금 한 칸을 10칸으로 나누었으므로 100 g을 나타냅니다. 따라서 배 3개의 무게는 2 kg 600 g입니다.

⑤ $3\,\text{t}=3000\,\text{kg}>2500\,\text{kg}$이므로 짐을 더 많이 실을 수 있는 트럭은 ⓗ 트럭입니다.

연산 UP

1. 15, 300
2. 10, 30
3. 32, 550
4. 43, 50
5. 84, 606
6. 1, 600
7. 2, 850
8. 3, 480
9. 2, 930
10. 2, 550

응용 UP

1. 38 kg 30 g
2. 2 kg 660 g
3. 560 g
4. 1 kg 470 g
5. 7 kg 300 g

응용 UP

3. 1 kg 240 g−680 g=560 g ⇨ 담은 물의 무게는 560 g입니다.

4. 32 kg 140 g−30 kg 670 g=1 kg 470 g ⇨ 강아지의 무게는 1 kg 470 g입니다.

5. 17 kg에서 2 kg 400 g을 빼면 호박 2개의 무게와 같습니다.

   17 kg−2 kg 400 g=14 kg 600 g ⇨ 호박 1개의 무게는 7 kg 300 g입니다.

연산 UP

1. 14 kg 300 g
2. 16 kg
3. 13 kg 140 g
4. 22 kg 80 g
5. 96 kg 417 g
6. 5 kg 600 g
7. 5 kg 600 g
8. 7 kg 260 g
9. 7 kg 540 g
10. 55 kg 913 g

응용 UP

1. 540 g
2. 2 kg 60 g
3. 310 g
4. 1 kg 50 g

응용 UP

1. (위인전 2권의 무게)=1 kg 720 g−640 g=1 kg 80 g=1080 g

   (위인전 1권의 무게)=540 g

2. (당근 3개의 무게)=960 g

   (당근 1개의 무게)=320 g, (당근 5개의 무게)=320×5=1600(g)

   (당근 5개를 담은 바구니의 무게)=1600 g+460 g=2060 g=2 kg 60 g

3. (사과 3개의 무게)=1 kg 450 g−520 g=930 g

   (사과 1개의 무게)=310 g

4. 멜론 1개의 무게는 큰 구슬 5개의 무게와 같고, 큰 구슬 1개는 작은 구슬 3개의 무게와 같으므로 멜론
   1개의 무게는 작은 구슬 15개의 무게와 같습니다. 따라서 멜론 1개의 무게는
   70×15=1050(g) ⇨ 1 kg 50 g입니다.

1
(1) 17 L 800 mL
(2) 17 L 505 mL
(3) 10 L 10 mL
(4) 3 L 240 mL
(5) 890 mL
(6) 8 L 180 mL

2
(1) 7 kg 980 g
(2) 10 kg
(3) 26 kg 250 g
(4) 9 kg 380 g
(5) 5 kg 740 g
(6) 11 kg 960 g

3 ㉢, ㉠, ㉡

4 880 mL

5 500, −, 200, −, 200

6 2 kg 715 g

7 140 g

3 5 L 75 mL＝5075 mL
⇨ 6000 mL＞5750 mL＞5075 mL이므로 들이가 많은 순서대로 기호를 쓰면 ㉢, ㉠, ㉡입니다.

4 2 L−1 L 120 mL＝880 mL ⇨ 880 mL를 더 담을 수 있습니다.

5 500 mL 그릇에 물을 가득 채운 다음 200 mL 그릇에 물을 가득 채워 2번 덜어 내면 500 mL 그릇에 남는 물이 100 mL입니다.
⇨ 500 mL−200 mL−200 mL＝100 mL

6 (사전의 무게)＝625 g＋1 kg 465 g＝2 kg 90 g
(동화책의 무게)＋(사전의 무게)＝625 g＋2 kg 90 g＝2 kg 715 g

7 귤 7개의 무게는 60×7＝420(g)입니다.
420 g은 사과 3개의 무게와 같으므로 사과 1개의 무게는 140 g입니다.

· 메모 ·

• 메모 •

기적의 학습서

" 오늘도 한 뼘 자랐습니다. "

길벗스쿨